中国地质大学(武汉)实验教学系列教材
中国地质大学(武汉)实验教材项目(SJC－202507)资助

C 语言程序设计
习题汇编与实践指导教程

Exercise Compilation and Practical Guidance Tutorial for
C Programming Language

主　编：方　芳　　左泽均　　周　林　　杨　林
副主编：李圣文　　徐永洋　　张冬梅　　童恒建　　万　波
　　　　刘袁缘　　杨林权　　向秀桥　　徐战亚　　章丽平

图书在版编目(CIP)数据

C语言程序设计习题汇编与实践指导教程/方芳等主编.—武汉:中国地质大学出版社,2025.7.—ISBN 978-7-5625-6265-8

Ⅰ.TP312.8

中国国家版本馆CIP数据核字第202557LY00号

C语言程序设计		方 芳	左泽均	周 林	杨 林	主 编
习题汇编与实践指导教程		李圣文	徐永洋	张冬梅	童恒建	万 波	副主编
		刘衷缘	杨林权	向秀桥	徐战亚	章丽平	

责任编辑:胡 萌	选题策划:王凤林	责任校对:徐蕾蕾
出版发行:中国地质大学出版社(武汉市洪山区鲁磨路388号)		邮编:430074
电　　话:(027)67883511	传　　真:(027)67883580	E-mail:cbb@cug.edu.cn
经　　销:全国新华书店		https://cugp.cug.edu.cn
开本:787mm×1092mm　1/16	字数:192千字	印张:7.5
版次:2025年7月第1版	印次:2025年7月第1次印刷	
印刷:武汉市籍缘印刷厂		
ISBN 978-7-5625-6265-8		定价:28.00元

如有印装质量问题请与印刷厂联系调换

前 言

C语言程序设计是高校计算机基础课程的重要组成部分，它以编程语言为载体，系统介绍程序设计的基本思想与方法。通过本课程的学习，学生不仅需要掌握高级程序设计语言的基本知识，更应在实践中逐步锻炼程序设计思维、问题求解能力及编程语言的应用能力。"C语言程序设计"是一门实践性极强的课程，学习者需要通过大量的理论学习与编程训练，在动手实践中构建程序设计的基本能力，并逐步理解和掌握程序开发的核心思想与方法。

本教材由"习题汇编"和"实践指导"两部分组成。习题汇编部分按照C语言程序设计的知识体系进行章节划分，涵盖基础语法、数据类型、控制结构、函数、数组、指针、结构体与文件操作等核心内容。题型包括单选题、程序改错、程序填空和编程题，旨在帮助读者全面理解并巩固C语言的基本概念与原理，夯实编程基础知识。实践指导部分针对课程实践环节提供详细指导，明确实践目标与任务，引导读者将所学理论基础知识应用于编程实践中，掌握程序编写、调试与运行的完整流程。通过动手实践，提升问题分析与解决能力，增强编程实战能力。此外，为方便学习与应用，附录部分提供了上机实践环境的安装与使用说明、程序调试方法及工具简介、代码规范相关建议，以及常见的在线编程平台列表和计算机等级考试大纲参考。

本教材既可作为"C语言程序设计"课程的教学辅助材料，帮助学生加深对知识点的理解、巩固课堂学习效果，也可作为备考相关程序设计考试的实用参考资料。

我们衷心感谢中国地质大学（武汉）实验室与设备管理处对教材建设工作的重视与资助（项目编号：SJC 202507），为实验教学资源的开发提供了有力保障。

本教材由方芳、左泽均、周林和杨林主编并负责统稿工作，李圣文、万波、杨林权和向秀桥等老师参与了章节内容的编写与文字校对，徐永洋、张冬梅、童恒建、刘袁缘、徐战亚、章丽平老师为本教材的习题设计与实践素材整理提供了重要支持。在此一并向以上所有为本教材作出贡献的老师表示衷心的感谢。同时，向CSDN、百度文库等在线资源平台对本教材编写过程中提供的宝贵参考资料表示诚挚感谢。

由于作者水平有限，书中可能存在错误之处，敬请广大读者批评指正。

编者

2025年6月

目录

第一篇 习题汇编

第一章 程序设计与C语言概述 …………………………………………………… (3)

第二章 顺序结构 …………………………………………………………………… (7)

第三章 选择结构 …………………………………………………………………… (11)

第四章 循环结构 …………………………………………………………………… (17)

第五章 数　组 ……………………………………………………………………… (25)

第六章 函　数 ……………………………………………………………………… (30)

第七章 指　针 ……………………………………………………………………… (36)

第八章 自定义数据类型 …………………………………………………………… (41)

第九章 文　件 ……………………………………………………………………… (48)

第十章 综合练习 …………………………………………………………………… (51)

第二篇 实践指导

实习1 熟悉C语言编程环境 ……………………………………………………… (67)

实习2 顺序结构程序设计 ………………………………………………………… (68)

实习3 选择结构程序设计 ………………………………………………………… (69)

实习4 循环结构程序设计 ………………………………………………………… (71)

实习5 数组程序设计 ……………………………………………………………… (72)

实习6 函数程序设计 ……………………………………………………………… (74)

实习7 指针程序设计 ……………………………………………………………… (76)

实习8 结构体及文件程序设计 …………………………………………………… (79)

参考文献 ……………………………………………………………………………………（81）

附录 1　Visual Studio 2022 安装及使用 ……………………………………………（82）

附录 2　Visual Studio 2022 程序调试 ………………………………………………（93）

附录 3　C 语言编码规范 ……………………………………………………………（100）

附录 4　主流 C 语言在线编程平台简介 ……………………………………………（109）

附录 5　全国计算机等级考试二级 C 语言程序设计考试大纲 ……………………（110）

第一篇 习题汇编

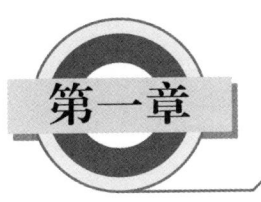

第一章 程序设计与C语言概述

 本章知识要点

★ **C语言的历史与特点**
- ◇ C语言由美国丹尼斯·麦卡利斯泰尔·里奇（Dennis MacAlistair Ritchie）于1972年在贝尔实验室设计。
- ◇ C语言具有简洁、高效、灵活的特点。

★ **C语言的应用领域**
- ◇ 系统编程：如操作系统、驱动程序等。
- ◇ 应用程序开发：如数据库、游戏等。
- ◇ 嵌入式系统开发：如单片机编程。

★ **C语言的基本组成**
- ◇ 关键字：如 int、return、if、else 等。
- ◇ 标识符：如变量名、函数名、数组名等。
- ◇ 常量与变量：存储数据的基本单位。
- ◇ 运算符与表达式：用于数据处理和计算。

★ **C语言的程序结构**
- ◇ 一个C语言程序通常由头文件、主函数 main() 和其他函数组成。
- ◇ 程序的执行从主函数 main() 开始。

★ **C语言的基本输入输出**
- ◇ printf() 函数用于向电脑屏幕输出信息。
- ◇ scanf() 函数用于从键盘输入数据。

一、单选题

1. 以下关于C语言历史的描述，正确的是（　　）。
A. C语言由 Dennis MacAlistair Ritchie 于20世纪70年代初设计，用于开发 Unix 操作系统。
B. C语言诞生于20世纪80年代，是 Java 语言的前身。
C. C语言最初被称为"BCPL"，后发展为"CPL"，最终演化为C语言。
D. C语言是第一种被广泛应用的高级语言。

2. C语言源程序文件的扩展名是（　　）。

A. exe B. obj C. c D. cpp

3. 以下关于C语言注释的说法中,不正确的是( )。

A. 注释用于为程序添加说明,帮助程序员理解代码。

B. 多行注释使用/*和*/包围注释内容。

C. 单行注释采用//。

D. 注释内容会被编译器翻译执行。

4. 以下关于C程序运行方式的描述,正确的是( )。

A. C程序从main函数开始执行,到main函数结束。

B. C程序从第一个函数开始执行,到最后一个函数结束。

C. C程序从第一行代码开始执行,到最后一行代码结束。

D. C程序的执行起点由用户自由设定。

5. 运行C程序的一般步骤为( )。

A. 编译—连接—执行 B. 连接—编译—执行

C. 解释—连接—执行 D. 连接—解释—执行

6. 以下哪一项不属于C语言中的基本数据类型( )。

A. int B. float C. char D. string

7. 若int a = 5;,以下语句中能正确输出5到屏幕的是( )。

A. scanf("%d", a); B. scanf("%d", &a);

C. printf("%d", a); D. printf("%d", &a);

8. 在C语言中,char类型在内存中占用的字节数是( )。

A. 1 B. 2 C. 3 D. 4

9. 若要在程序中使用printf函数,需包含的头文件是( )。

A. math.h B. stdio.h

C. stdlib.h D. string.h

10. C语言中表示逻辑"非"的运算符是( )。

A. ! B. ~ C. & D. |

11. 以下能正确声明整型变量a并将其初始化为5的语句是( )。

A. int a = 5; B. float a = 5; C. double a = 5; D. bool a = 5;

12. 在C语言中,用于求余的运算符是( )。

A. % B. / C. * D. -

13. 以下关于程序编译错误的描述,正确的是( )。

A. 编译错误由程序逻辑出错引起,可通过优化算法解决。

B. 源代码在编译阶段因不符合语言语法或语义规则而导致的错误。

C. 编译错误是运行时内存不足导致的,应通过优化代码避免。

D. 编译错误指程序成功编译,但运行时报错。

14. 在使用流程图描述算法时,用于表示顺序执行的图形符号是( )。

A. 矩形框 B. 菱形框 C. 平行四边形框 D. 圆形框

15. 在算法设计中常用的辅助工具是( )。
A. 流程图　　　　B. 计算机语言　　　C. 伪代码　　　　D. 以上都是

二、综合题

1. 程序改错。请找出以下程序中的5处语法错误,并改正。

1. #include <stdlib.h>
2. int mian(){
3. 　　int a, b, sum;
4. 　　printf("请输入两个整数:");
5. 　　scanf("%d%d\n", b);
6. 　　Sum = a + b
7. 　　printf("这两个整数的和是:%d\n", &sum);
8. 　　return 0;
9. }

错误1：_____

错误2：_____

错误3：_____

错误4：_____

错误5：_____

2. 程序填空。以下程序用于接收用户输入的3个整数,并输出其中的最大值。请对该程序进行完善,以实现该功能。

#include <stdio.h>
int main(){
　　int num1, num2, num3;
　　_____(1)_____
　　printf("请输入三个整数,用空格分隔:");
　　_____(2)_____
　　max = num1;
　　if (num2 > max)
　　_____(3)_____
　　if (num3 > max)
　　　　max = num3;
　　_____(4)_____
　　return 0;
}

(1)_____

(2)_____

(3)_____
(4)_____

3.请分别使用传统流程图和 N-S(结构化)流程图表示求解如下问题的算法:输入两个整数 m 和 n,求它们的最大公约数。

【提示】欧几里德算法(Euclidean algorithm)是一种用于计算两个非负整数的最大公约数(greatest common divisor,GCD)的高效方法。其基本思想基于以下数学定理:

(1)若 n=0,则 gcd(m, n)=m。

(2)若 m 和 n 都不为零,则 gcd(m, n)=gcd(n, m mod n)。

算法的具体步骤如下:

(1)初始化:取两个非负整数 m 和 n(其中 m≥n)。

(2)循环计算:

　　(2.1)在每一步中,用 m 除以 n,得到商和余数 r(即 m mod n)。

　　(2.2)将 m 赋值为 n,将 n 赋值为余数 r。

　　(2.3)重复这个过程,直到余数 r 为零。

(3)终止:当余数 r 为零时,当前的 n 值即为 m 和 n 的最大公约数。

第二章 顺序结构

 本章知识要点

★顺序结构的基本概念
- ◇ 程序的执行是按照语句的先后顺序依次进行的。
- ◇ 顺序结构是程序设计中最基本的控制结构。

★赋值语句
- ◇ 赋值语句的格式:变量=表达式;
- ◇ 赋值语句右边的表达式先进行计算,然后将结果赋值给左边的变量。

★输入输出函数
- ◇ scanf 函数:用于从键盘输入数据。
  格式:scanf("格式控制字符串",&变量1,&变量2,…)
  - ■ 格式控制字符串
  - %d:输入整数
  - %f:输入单精度浮点数(float)
  - %lf:输入双精度浮点数(double)
  - %c:输入字符
- ◇ printf 函数:用于向屏幕输出数据。
  格式:printf("格式控制字符串",表达式1,表达式2,…)。
  - ■ 格式控制字符串
  - %d:输出整数
  - %f:输出浮点数
  - %c:输出字符
  - %s:输出字符串

★表达式和运算符
- ◇ 算术运算符:+、-、*、/、%。
- ◇ 关系运算符:==、!=、>、<、>=、<=。
- ◇ 逻辑运算符:&&、||、!。
- ◇ 表达式的求值顺序:
  - 运算符的优先级和结合性决定了表达式的求值顺序。
  - 可以使用括号改变默认的求值顺序。

一、单选题

1. 以下选项中,合法的 C 语言用户标识符是( )。
   A. 1stVar   B. int   C. _myVar   D. my-var

2. 设 a 和 b 均为 double 型变量,且 a = 5.5,b = 2.5,则表达式(int) a+b/b 的值是( )。
   A. 6.5   B. 6   C. 5.5   D. 6.0

3. 以下不属于 C 语言算术运算符的是( )。
   A. +   B. -   C. %   D. &&

4. 以下属于 C 语言字符常量的是( )。
   A. 'a'   B. "a"   C. a   D. \n

5. 假设整型变量 x 已正确定义并赋值,以下语句中能正确输出其值的是( )。
   A. printf("%d", &x);   B. printf("%f", x);
   C. printf("%d", x);   D. output(x);

6. 若 int x = 5;,则 printf("%d", x++);的输出结果是( )。
   A. 6   B. 5   C. 编译错误   D. 运行时错误

7. 以下语句能正确输出换行符的是( )。
   A. printf("\n");   B. printf("n");   C. printf("\0");   D. printf('\n');

8. 若 char ch = 'A';,则 printf("%c", ch +1);的输出结果是( )。
   A. B   B. 66   C. A1   D. 编译错误

9. 若 int a = 10, b = 20, c;,则执行 c=a>b?b:a;后,c 的值为( )。
   A. 10   B. 20   C. 0   D. 1

10. 若 float f = 3.54;,则表达式(int)f 的值为( )。
    A. 3.54   B. 3.0   C. 3   D. 4

11. 以下与表达式 a += 2;等价的是( )。
    A. a = a + 2;   B. a == a + 2;   C. a = a - 2;   D. a = 2;

12. 执行以下语句:int a, b, d; char c; scanf("%d, %d, %c, %d", &a, &b, &c, &d);,若输入为 10, 20, 34, 6,则变量 c 的值为( )。
    A. 34   B. 没有被赋值   C. 3   D. 程序将停止执行

13. 若 double d = 3.141581;,需使用 printf()函数以保留两位小数输出 d 的值,正确的格式化方式是( )。
    A. 使用%.2f 格式化说明符   B. 使用%f.2 格式化说明符
    C. 无法直接控制,需要手动四舍五入   D. 使用%lf 并传递一个双精度浮点数

14. 给定以下程序段:
```
#include <stdio.h>
int main(){
    char ch1, ch2;
    ch1=getchar();
```

```
        ch2=ch1+32;
        putchar(ch2);
        return 0;
}
```
若程序运行时输入字符"G",则输出结果为(　　)。
A. G32　　　　　　B. 编译出错　　　　C. g32　　　　　　D. g

15. 给定以下程序段:
```
#include <stdio.h>
int main(){
        char c1, c2;
        c1='C'+'8'-'3';
        c2='9'-'0';
        printf("%c%d\n", c1, c2);
        return 0;
}
```
程序的输出结果是(　　)。
A. F'9'   B. H'9'
C. H9   D. 表达式非法,结果不确定

二、综合题

1. 程序改错。下列程序用于求解一个一元二次方程的根。请仔细阅读代码,找出其中 4 处错误并加以改正。

```
1. #include <stdio.h>
2. int main(){
3.      double a, b, c, disc, x1, x2, p, q;
4.      printf("Please input three numbers:\n");
5.      scanf("%d%d%d", &a, &b, &c);
6.      disc = b * b - 4ac;
7.      p = -b/(2.0 * a);
8.      q = sqrt(disc)/(2.0 * a);
9.      x1 = p + q;
10.     x2 = p - q;
11.     return 0;
12.     printf("x1=%7.2f\nx2=%7.2f\n", x1, x2);
13. }
```
错误 1:_____
错误 2:_____

错误 3：_____

错误 4：_____

2. 程序填空。

已知华氏(Fahrenheit)温度与摄氏(Celsius)温度之间的换算公式为

$$c = \frac{5(f-32)}{9}$$

式中，f 和 c 分别表示华氏温度和摄氏温度。

请根据上述公式完善以下程序，实现根据输入的华氏温度计算并输出对应的摄氏温度。

```
#include <stdio.h>
int main(){
    _____(1)_____ f, c;
    printf("请输入华氏温度：\n");
    scanf("%f", &f);
    _____(2)_____ ;
    printf("对应的摄氏温度是：%f\n", c);
    return 0;
}
```

(1)_____

(2)_____

第三章 选择结构

 本章知识要点

★选择结构的基本概念
◇ 选择结构是 C 语言中用于根据不同条件执行不同代码块的结构。
◇ 在选择结构中,通常使用条件判断语句来决定执行哪个代码块。

★if 语句
◇ 定义:if 语句是 C 语言中最基本的条件判断语句,用于实现两个分支的选择结构。
◇ 语法:if(表达式)语句 1;else 语句 2;
◇ 用法:
  • 单分支控制,如果表达式为真,则执行语句 1,否则不执行任何操作。
  • 双分支控制,如果表达式为真,则执行语句 1,否则执行语句 2。
  • 多分支控制,通过嵌套多个 if 语句或结合 else if 语句实现多分支选择。

★switch 语句
◇ 定义:switch 语句是 C 语言中用于实现多分支选择结构的另一种语句。
◇ 语法:switch(表达式){
       case 常量 1: 语句 1; break;
       case 常量 2: 语句 2; break;
       …
       default:语句 n; break;
    }
◇ 用法:
  • 根据表达式的值,将其与各个 case 子句中的常量进行比较。
  • 如果找到匹配的常量,则执行该 case 子句后的语句,并遇到 break 语句时跳出 switch 语句。
  • 如果没有找到匹配的常量,则执行 default 子句后的语句(如果存在)。
◇ 注意事项:
  • 表达式的值应为整数类型(包括字符型)。
  • 每个 case 常量必须互不相同。
  • break 语句用于防止"穿透"现象,即执行完一个 case 子句后不再执行其他 case 子句。

★ 关系运算符和关系表达式
  ◇ 关系运算符:用于比较两个数值或表达式的大小关系,包括 <、<= 、> 、>= 、==、!= 6 种。
  ◇ 关系表达式:用关系运算符将两个数值或表达式连接起来的式子,其结果为真(1)或假(0)。

★ 逻辑运算符和逻辑表达式
  ◇ 逻辑运算符:用于连接多个关系表达式或其他逻辑量,包括 &&(逻辑与)、||(逻辑或)、!(逻辑非)。
  ◇ 逻辑表达式:用逻辑运算符将多个关系表达式或其他逻辑量连接起来的式子,用于测试真假值。
  ◇ 优先级:! 的优先级最高,其次是 &&,最后是 ||。

一、单选题

1. 以下用于 C 语言条件判断的关键字是(　　)。
   A. for　　　　　　B. if　　　　　　C. while　　　　　　D. do-while

2. 在 C 语言中,switch 语句用于实现(　　)。
   A. 顺序结构　　　B. 选择结构　　　C. 循环结构　　　D. 跳转结构

3. switch 语句中的 case 标签必须是(　　)类型。
   A. 任意类型　　　　　　　　　　　B. 整型或字符类型
   C. 浮点数类型　　　　　　　　　　D. 字符串类型

4. 在 switch 语句中,用于表示默认执行路径的关键字是(　　)。
   A. case　　　　　B. default　　　　C. else　　　　　D. break

5. 当 switch 表达式与某个 case 标签匹配时,程序将执行(　　)。
   A. 该 case 后所有语句,直到遇到 break 语句或语句结束
   B. 该 case 后的第一个语句
   C. 最后一个 case 后的语句块
   D. default 标签后的语句块

6. 以下用于表示"x 大于 y 且 x 小于 z"的表达式是(　　)。
   A. y < x < z　　　　　　　　　　　B. (x > y) && (x < z)
   C. x > y || x < z　　　　　　　　　D. x > (y < z)

7. 以下 switch 语句与 if(a==1)a=b; else a++; 的功能不一致的是(　　)。
   A. switch(a==1){case 0:a=b; break;case 1:a++;}
   B. switch(a){case 1:a=b;break;default:a++;}
   C. switch(a){default:a++;break;case 1:a=b;}
   D. switch(a==1){case 1:a=b;break;case 0:a++;}

8. 在 if-else if-else 结构中,最多可以包含多少个 else if 子句(　　)。
   A. 1　　　　　　　B. 2 个　　　　　C. 任意多个　　　D. 受编译器限制

9. 下列选项中,不属于C语言的关系运算符的是(   )。
A. >   B. >=   C. =   D. !=

10. 已定义:int a = 2, b = 5, temp;,以下语句中能正确实现"当 a > b 时,交换 a 和 b 的值"的是(   )。
A. if(a > b){a = b;b = a;}   B. if(a > b) a = b; b = a;
C. if(a > b){temp = a; a = b; b = temp;}   D. if(a > b) temp = a; a = b; b = temp;

11. 在C语言中,以下运算符可用于连接多个条件表达式形成复合条件的是(   )。
A. +和-   B. *和/   C. &&和|| D. %和^

12. 阅读以下程序段:
#include <stdio. h>
int main(){
    int a = 3;
    printf("%d\n", (a+=a -=a * a));
    return 0;
}
程序运行后的输出结果是(   )。
A. 9   B. 0   C. 3   D. -12

13. 阅读以下程序段:
#include <stdio. h>
int main(){
    int a, b, c;
    a = 10;b = 50;c = 30;
    if(a > b)
        a = b; b = c; c = a;
    printf("a =%d b =%d c =%d\n", a, b, c);
    return 0;
}
程序运行后的输出结果是(   )。
A. a=10 b=50 c=30   B. a=10 b=30 c=10
C. a=10 b=50 c=10   D. a=50 b=30 c=50

14. 以下程序的运行结果是(   )。
#include <stdio. h>
int main(){
    int a = 3, b = 5, c = 7, m;
    if(a > b && a> c)
        m = a;
    else if(b > a && b > c)

```
            m = b;
        else
            m = c;
        printf("m =%d\n", m);
        return 0;
}
```
A. m = 3   B. m = 5   C. m = 7   D. 随机值

15. 以下程序的运行结果是（   ）。
```
#include <stdio.h>
int main(){
    int x = 2;
    switch(x){
    case 1:
        printf("One ");
        break;
    case 2:
        printf("Two ");
    case 3:
        printf("Three ");
        break;
    default:
        printf("Other ");
    }
    return 0;
}
```
A. Two Three   B. Two   C. Two Other   D. Two Three Other

二、综合题

1. 已知：a = 3,b = 4,c = 5。请写出以下各逻辑表达式的结果。

(1) a+b>c && b==c

(2) a || b+c && b-c

(3) !(a>b) && !c || 1

(4) !(x=a) && (y=b) && 0

(5) !(a+b)+c-1 && b+c/2

结果(1)_____

结果(2)_____

结果(3)_____

结果(4)_____

结果(5)_____

2. 请写出以下程序的运行结果。

```c
#include <stdio.h>
int main(){
    int a = 2, b = 3, c = 4;
    int result;
    if(a > b)
        result = a * c;
    else if(b > c)
        result = b * c;
    else if(a + b > c)
        result = a + b + c;
    else
        result = a * b * c;

    printf("result = %d\n", result);
    return 0;
}
```

程序运行结果为：_____

3. 程序填空。以下程序用于判断某一年是否为闰年,请在(1)~(4)处填上正确的代码。

【提示】闰年的判定条件是：能被 4 整除但不能被 100 整除,或能被 400 整除的年份。

```c
#include <stdio.h>
int main(){
    int year, leap;
    printf("Enter year:");
    scanf("%d", &year);
    if(_____(1)_____ || (year% 400 == 0))
        leap = 1;
    else
        _____(2)_____

    _____(3)_____
        printf("%d is ", year);
    else
        _____(4)_____
        printf("a leap year.\n");
```

        return 0;
    }
程序运行示例如下：

```
Enter year: 2006
2006 is not a leap year.
```

```
Enter year: 2024
2024 is a leap year.
```

   (1) _____
   (2) _____
   (3) _____
   (4) _____

4. 程序填空。编写一个 C 语言程序，利用海伦公式计算任意三角形的面积，并将结果保留小数点后两位输出。

【提示】海伦公式如下

$$area = \sqrt{s(s-a)(s-b)(s-c)}$$

式中，$s = \dfrac{a+b+c}{2}$，是半周长；a、b 和 c 是三角形的 3 边长度；area 是三角形的面积。

```
#include <stdio.h>
#include <math.h>
int main(){
    float a, b, c;
    double area, s;
    printf("请输入三角形三边:");
    scanf("%f%f%f", &a, &b, &c);
    if(_____(1)_____)
        printf("不能构成三角形\n");
    else {
        s = _____(2)_____;
        area = _____(3)_____(s* (s - a)* (s - b)* (s - c));
        printf("三角形的面积为=%.2f\n", area);
    }
    return 0;
}
```

(1) _____
(2) _____
(3) _____

第四章 循环结构

本章知识要点

★**循环结构的概念**
　　循环结构是指在满足某个条件的情况下,重复执行一段代码的控制结构。
★**循环类型**
　　◇　while 循环:在条件为真时,重复执行循环体中的代码。
　　◇　do-while 循环:先执行循环体中的代码,再判断条件是否满足。
　　◇　for 循环:适合已知循环次数的情况,包含初始化、条件判断、增量操作。
★**循环的控制**
　　◇　break 语句:用于提前结束循环,接着执行循环下面的语句。
　　◇　continue 语句:用于提前结束本次循环,接着执行下次循环。
　　◇　循环嵌套:一个循环内嵌套另一个循环。
★**无限循环**
　　由于条件始终为真,循环将一直执行下去,除非使用 break 语句或其他方式终止。
★**循环变量的作用域**
　　循环变量的生命周期通常限于其定义的循环体内,循环结束后不再有效。

一、单选题

1. 以下有关 for 循环的描述,正确的是(　　)。
A. for 循环只能用于循环次数已知的情况
B. for 循环体中可包含多条语句,须用大括号{}括起来
C. for 循环中不能使用 break 语句
D. for 循环是先执行循环体,再判断循环条件

2. 以下 C 语言循环结构中,语法正确的是(　　)。
A. for (int i = 0; i < 3; i++) for (int j = 0; j < 3; j++){}
B. for (int i = 0; i < 3; i++) while (int j = 0){}
C. while (int i = 0)while (int j = 0){}
D. do{}while (int i = 0);

3. 在 do...while 循环中,如果条件不成立,循环体将执行(　　)。
　　A. 0 次　　　　　　B. 1 次　　　　　　C. 无限次　　　　　　D. 与 while 循环相同

4. 在嵌套循环中,当内层循环结束时,外层循环将(　　)。
A. 终止　　　　　　B. 继续下一轮迭代　　C. 跳出内层循环　　D. 从头重新执行

5. 下列选项中,与条件!e 等价的表达式是(　　)。
A. e == 0　　　　　B. e != 1　　　　　　C. e != 0　　　　　D. ~e

6. 以下程序段执行的结果,描述正确的是(　　)。
```
int x = -1;
do{
    x = x*x;
}while(!x);
```
A. 是死循环　　　　B. 循环执行 2 次　　　C. 循环执行 1 次　　D. 有语法错误

7. 下列语句段中,不是死循环的是(　　)。
A.
```
int i=100;
while(1){
    i=i%100+1;
    if(!i)
        break;
}
```
B.
```
for(int i=1;;i++)
    sum=sum+1;
```
C.
```
unsigned int k=0;
do{
    ++k;
} while(k>=0);
```
D.
```
unsigned char c=0;
while(++c){
    if(c<0)
        break;
}
```

8. 与以下程序段等价的是(　　)。
```
while(a){
    if(b)
        continue;
    c;
```

}
A. while(a){if(!b)c;}   B. while(a){if(!b)break;c;}
C. while(a){if(b)c;}   D. while(a){if(b)break;c;}

9. 以下程序的输出结果是（   ）。
#include <stdio.h>
int main(){
    int i;
    for(i=4;i<=10;i++){
        if(i%3==0)
            continue;
        printf("%d", i);
    }
    return 0;
}
A. 45   B. 457810   C. 69   D. 678910

10. 以下程序的输出结果是（   ）。
#include <stdio.h>
int main(){
    int num=0;
    while(num<=2){
        num++;
        printf("%d\n", num);
    }
    return 0;
}
A. 1
B. 1
   2
C. 1
   2
   3
D. 1
   2
   3
   4

11. 下列语句段将输出字符"*"的个数为（   ）。
int i= 100;

```
while(1){
    i--;
    if(i==0)
        break;
    printf("*");
}
```
A. 98　　　　　　B. 99　　　　　　C. 100　　　　　　D. 101

12. 以下程序运行后的输出结果是(　　)。
```
#include <stdio.h>
int main(){
    int i=10, j=0;
    do{
        j=j+1;
        i--;
    }while(i>2);
    printf("%d\n", j);
    return 0;
}
```
A. 50　　　　　　B. 52　　　　　　C. 51　　　　　　D. 8

13. 以下程序段的执行结果是(　　)。
```
int i, j, m=0;
for(i=1; i<=15; i+=4)
    for(j=3; j<=19; j+=4)
        m++;
printf("%d\n", m);
```
A. 12　　　　　　B. 15　　　　　　C. 20　　　　　　D. 25

14. 在语句 for(a=0, b=0; b!=100 && a<5; a++)scanf("%d", &b); 中,scanf 最多可被执行(　　)次。

A. 4　　　　　　B. 6　　　　　　C. 5　　　　　　D. 1

15. 以下 while 循环中,循环体的实际执行情况为(　　)。
```
int k=0;
while(k=1)
    k++;
```
A. 有语法错误,无法执行　　　　　　B. 一次也不执行
C. 执行一次　　　　　　　　　　　　D. 执行无限次

二、综合题

1. 阅读以下 C 语言程序,写出程序运行后的输出结果。

(1)
```c
#include <stdio.h>
int main(){
    int i=0;
    int sum=0;
    while(i<5){
        sum+=i;
        i++;
    }
    printf("sum=%d\n", sum);
    return 0;
}
```
程序运行结果为：_____

(2)
```c
#include <stdio.h>
int main(){
    int i, j;
    for(i=1; i<=3; i++){
        for(j=1; j<=3; j++)
            printf("%d ", i*j);
        printf("\n");
    }
    return 0;
}
```
程序运行结果为：_____

(3)
```c
#include <stdio.h>
int main(){
    int n=5;
    int factorial=1;
    do{
        factorial*=n;
        n--;
    } while(n>0);
    printf("factorial=%d\n", factorial);
    return 0;
}
```

程序运行结果为：_____

（4）

```c
#include <stdio.h>
int main(){
    int i;
    for(i=10; i>0; i-=2)
        printf("%d ", i);
    printf("\n");
    return 0;
}
```

程序运行结果为：_____

（5）

```c
#include <stdio.h>
int main(){
    int i=1;
    int sum=0;
    while(i<=10){
        if(i%2==0)
            sum+=i;
        i++;
    }
    printf("sum=%d\n", sum);
    return 0;
}
```

程序运行结果为：_____

（6）

```c
#include <stdio.h>
int main(){
    int i, j, sum=0;
    for(i=1; i<=3; i++)
        for(j=1; j<=3; j++)
            if(i==j)
                sum+=i*j;
    printf("sum=%d\n", sum);
    return 0;
}
```

程序运行结果为：_____

2. 程序填空。以下程序的功能是：输入一行字符，分别统计其中英文字母、空格、数字和其他字符的个数。请在(1)~(4)处填上正确的代码。

```
#include <stdio.h>
int main(){
    int letters=0, spaces=0, digits=0, others=0;
    char ch;
    printf("请输入一行字符,以回车结束:");
    //逐个读取字符,直到遇到换行符
    while(___(1)___){
        if(___(2)___)
            letters++;
        else if(ch==' ')
            spaces++;
        else if(___(3)___)
            digits++;
        else
            ___(4)___
    }
    //输出统计结果
    printf("英文字母个数:%d\n", letters);
    printf("空格个数:%d\n", spaces);
    printf("数字个数:%d\n", digits);
    printf("其他字符个数:%d\n", others);
    return 0;
}
```

(1)_____
(2)_____
(3)_____
(4)_____

3. 程序填空。下列程序用于输出所有的"水仙花数"，请在标号(1)~(4)处补全正确的代码。

【提示】所谓"水仙花数"是指一个3位数，其各位数字立方和等于该数本身。例如，153是水仙花数，因为 $153 = 1^3 + 5^3 + 3^3$。

```
#include <stdio.h>
int main(){
    int number, digit1, digit2, digit3;
    for(number=100; ___(1)___ ; number++){
```

            digit1= ____(2)____ ;
            digit2= ____(3)____ ;
            digit3=number%10;
            if(____(4)____)
                printf("%d\n", number);
        }
        return 0;
    }
程序运行结果如下：

```
153
370
371
407
```

(1)_____

(2)_____

(3)_____

(4)_____

第五章 数　组

 本章知识要点

★ **数组的定义和初始化**
 ◇ 数组是相同类型数据的有序集合,使用数组名和下标来访问该集合中的元素,数组下标从 0 开始。
 ◇ 数组的声明形式:type array_name[size];,size 必须是常量。
 ◇ 数组的初始化可以在声明时直接赋值,未初始化的元素将默认初始化为零值。

★ **一维数组**
 ◇ 一维数组的定义、初始化、访问和修改。
 ◇ 理解数组下标的作用和边界,注意数组越界的问题。

★ **多维数组**
 ◇ 二维数组及其在内存中的存储方式。
 ◇ 二维数组的初始化和访问方法。
 ◇ 多维数组的概念和使用场景。

★ **字符数组与字符串**
 ◇ 字符数组的定义与字符串的初始化。
 ◇ 字符串处理的常用函数,如 strcpy、strlen、strcat、strtok 等。

★ **数组的基本操作**
 ◇ 数组的遍历、排序、查找等常见操作。

一、单选题

1. 给定数组定义 int arr[5]={1, 2, 3, 4, 5};,表达式 arr[3]的值是(　　)。
 A. 1　　　　　　B. 2　　　　　　C. 3　　　　　　D. 4

2. 在 C 语言中,数组下标的起始值是(　　)。
 A. 0　　　　　　B. 1　　　　　　C. -1　　　　　D. 数组大小减一

3. 假设 int 类型占用 4 字节内存,数组 int arr[10]占用的总内存字节数为(　　)。
 A. 10　　　　　B. 20　　　　　C. 40　　　　　D. 80

4. 以下选项中,定义一个长度为 5 的单精度浮点语句是(　　)。
 A. int arr[5];　　B. float arr[5];　　C. double arr[5];　　D. char arr[5];

5. 若执行 int arr[5]={1, 2};,则 arr[4]的值是(　　)。
A. 0　　　　　　B. 1　　　　　　C. 2　　　　　　D. 未知
6. 二维数组 int arr[3][4]; 所包含的元素个数是(　　)。
A. 7　　　　　　B. 12　　　　　 C. 10　　　　　 D. 8
7. 以下选项中,对二维数组的初始化不合法的是(　　)。
A. int arr[2][2]={1, 2, , 4};　　　　　B. int arr[2][2]={1, 2};
C. int arr[2][2]={{1,}, {3, 4}};　　　 D. int arr[2][2]={0};
8. 以下程序的输出结果是(　　)。
#include <stdio.h>
int main(){
    int m[][3]={1, 4, 7, 2, 5, 8, 3, 6, 9 };
    int i, j, k=2;
    for(i=0; i<3; i++)
        printf("%d ", m[k][i]);
    return 0;
}
A. 1 4 7　　　　B. 2 5 8　　　　C. 3 6 9　　　　D. 7 8 9
9. 通过数组变量名可以直接获取的是(　　)。
A. 数组的大小　　　　　　　　　B. 数组的数据类型
C. 数组的首地址　　　　　　　　D. 数组的所有元素
10. 以下对字符数组的定义,正确的是(　　)。
A. char str[]="Hello";　　　　　　B. char str[5]={'H', 'e', 'l', 'l', 'o'};
C. char str[6]="Hello";　　　　　　D. 以上全部正确
11. 以下用于计算字符串长度的 C 标准库函数是(　　)。
A. strlen　　　　B. strcpy　　　　C. strcat　　　　D. strcmp
12. 若 int 类型占用 4 字节内存,定义 int arr[5]={1, 2, 3, 4, 5};,则表达式 sizeof(arr)的结果是(　　)。
A. 5　　　　　　B. 10　　　　　 C. 20　　　　　 D. 25
13. 在 C 语言中,arr[i]表示(　　)。
A. 第 i 个数组元素的值　　　　　B. 数组的首地址
C. 数组的大小　　　　　　　　　D. 数组的数据类型
14. 在 char str[6]="Hello"; 语句中,字符数组 str 的长度为(　　)。
A. 5　　　　　　B. 6　　　　　　C. 7　　　　　　D. 4
15. 以下语句中,可将一个字符串复制到字符数组中的是(　　)。
A. strcpy(dest, src);　　　　　　　B. strcat(dest, src);
C. strlen(src);　　　　　　　　　　D. strcmp(dest, src);

二、综合题

1. 程序填空。下列程序采用筛选法,用于求出 100 以内的所有素数。请在标注的(1)~(3)处填写正确的代码。

```
#include <stdio.h>
#define MAX 100
int main(){
        _____(1)_____
        for(int i=0; i<=MAX; i++)
            is_prime[i]=1;
        _____(2)_____
        for(int i=2; i*i<=MAX; i++)
            if(_____(3)_____)
                for(int j=i*i; j<=MAX; j+=i)
                    is_prime[j]=0;
        printf("100 以内的素数有:\n");
        for(int i=2; i<=MAX; i++)
            if(is_prime[i])
                printf("%d ", i);
        printf("\n");
        return 0;
}
```

(1)_____
(2)_____
(3)_____

2. 程序填空。下列程序使用"起泡法"(冒泡排序)对用户输入的 10 个字符进行升序排列(即从小到大)。请在标号(1)~(5)处填入正确的代码。

```
#include <stdio.h>
int main(){
        char arr[10];
        int size=10;
        printf("请输入 10 个字符:\n");
        for(int i=0; i<size; i++){
            printf("字符%d:", i+1);
            scanf("%c", _____(1)_____);
        }
        for(int i=0; i<size-1; i++){
```

```
            for(int j=0; __(2)__ ; j++){
                if(arr[j] >arr[j+1]){
                    char temp=arr[j];
                    _____(3)_____ ;
                    arr[j+1]=temp;
                }
            }
        }
        printf("排序后的字符:\n");
        for(int i=0; i< __(4)__ ; i++)
            printf("%c", __(5)__ );
        printf("\n");
        return 0;
    }
```

(1)_____

(2)_____

(3)_____

(4)_____

(5)_____

3. 阅读以下程序,写出程序的运行结果。

```
#include <stdio.h>
int main(){
    int matrix[3][3];
    int sum=0;
    printf("请输入3×3矩阵的元素:\n");
    for(int i=0; i<3; i++)
        for(int j=0; j<3; j++)
            matrix[i][j]=i*3+j+1;
    for(int i=0; i<3; i++){
        sum+=matrix[i][i];
        sum+=matrix[i][2-i];
    }
    sum-=matrix[1][1];
    printf("Sum=%d\n", sum);
    return 0;
}
```

程序运行结果为:_____

4. 阅读以下程序,写出程序的运行结果。
```c
#include <stdio.h>
int main(){
    char str1[100]="Hello, ";
    char str2[]="World!";
    int i=0, j=0;
    while(str1[i] !='\0')
        i++;
    while(str2[j] !='\0'){
        str1[i]=str2[j];
        i++;
        j++;
    }
    str1[i]='\0';
    printf("连接后的字符串:%s\n", str1);
    return 0;
}
```
程序运行结果为:_____

第六章 函数

 本章知识要点

★ 函数的定义与声明
  ◇ 函数的定义包括函数名、返回类型、参数列表和函数体。
  ◇ 函数声明指函数定义的前置声明,通常放在程序的开头或头文件中。

★ 函数的调用
  ◇ 函数调用时根据参数传递的值执行函数体内的代码。
  ◇ 函数的调用方式主要有值传递和地址传递。

★ 函数的返回值
  ◇ 函数可以通过 return 语句返回值,也可以不返回值(void 类型)。
  ◇ 函数体中实际返回值的类型必须与函数声明时所定义的返回值类型一致。

★ 函数的参数
  ◇ 函数参数分为形式参数(形参)和实际参数(实参)。
  ◇ 函数可以有多个参数,也可以没有参数。

★ 局部变量和全局变量
  ◇ 局部变量是在函数内声明的变量,只在函数内有效。
  ◇ 全局变量是在函数外声明的变量,在整个程序范围内有效。

★ 递归函数
  ◇ 在调用一个函数的过程中又出现直接或间接地调用该函数本身,称为函数的递归调用,包含递归调用的函数称为递归函数。
  ◇ 递归必须有明确的终止条件,以避免无限次递归。

★ 预处理指令
  ◇ 在 C 语言中,预处理指令是在编译之前由预处理器执行的指令。预处理器主要负责文本替换和一些基本的文本操作,如宏定义(#define)、条件编译(#if、#ifdef、#ifndef、#else、#elif、#endif)、文件包含(#include)等。这些指令以#符号开始,出现在源代码的第一列(即,它们不能包含任何空白字符,如空格或制表符)。
  ◇ 使用宏定义可以定义简单的函数形式,但宏没有类型检查,可能导致错误。
    #define PI 3.14159
    #define MAX(a, b) ((a) > (b) ? (a) : (b))

一、单选题

1. 以下 C 语言函数定义完整且正确的是（　　）。
   A. void function();
   B. void function(int x);
   C. int function(int x){return x;}
   D. int function(int);

2. 以下 C 语言函数声明正确的是（　　）。
   A. int add(int a, int b);
   B. int add(int a,b);
   C. add(int a, int b);
   D. int add;

3. 关于局部变量，以下说法正确的是（　　）。
   A. 局部变量在整个程序中都可以访问
   B. 局部变量只能在声明它的函数内部访问
   C. 局部变量在所有函数中都可以访问
   D. 局部变量在主函数中可以访问

4. 函数调用时传递的参数称为（　　）。
   A. 局部变量　　B. 实际参数　　C. 形式参数　　D. 全局变量

5. 以下合法的递归函数的示例是（　　）。
   A. void func(){func();}
   B. int func(){return 1+func();}
   C. void func(){if(...)func();}
   D. 以上皆是

6. 以下程序存在语法错误，其原因是（　　）。
```
int main(){
    int G=5, k;
    void prt_char();
    ……
    k=prt_char(G);
    ……
}
```
   A. void prt_char(); 是函数调用语句,不能用 void 修饰
   B. 变量名不能使用大写字母
   C. 函数声明和调用不一致
   D. 函数名不能使用下划线

7. C 语言中,函数返回值的类型由（　　）决定。
   A. 主调函数的类型
   B. 函数定义时指定的类型
   C. return 表达式的类型
   D. 系统临时决定

8. 关于函数调用中实参与形参的关系,描述正确的是（　　）。
   A. 实参可以改变形参的值
   B. 形参可以改变实参的值
   C. 形参的变化不影响实参
   D. 实参和形参是同一变量

9. 函数声明的作用是（　　）。
   A. 定义函数体
   B. 告诉编译器函数的返回类型和参数类型
   C. 声明局部变量
   D. 初始化函数的参数

10. 关于全局变量,以下说法正确的是(　　)。
A. 全局变量只能在一个函数中使用　　B. 全局变量在整个程序中都可以访问
C. 全局变量必须用 extern 关键字声明　　D. 全局变量的值不能在函数中修改

11. 一个递归函数必须包含(　　)。
A. 返回多个值　　B. 明确的终止条件
C. 指向全局变量的指针　　D. 多个参数

12. 以下说法正确的是(　　)。
A. 函数定义可以嵌套,但函数调用不可以嵌套
B. 函数定义不可以嵌套,但函数调用可以嵌套
C. 函数定义和调用均不可以嵌套
D. 函数定义和调用均可以嵌套

13. 若程序中定义如下函数,并将其放在调用语句之后,以下函数声明中错误的是(　　)。
```
float myadd(float a, float b){
    return a+b;
}
```
A. float myadd(float a, b);　　B. float myadd(float b, float a);
C. float myadd(float, float);　　D. float myadd(float a, float b);

14. 定义一个 void 类型函数意味着该函数(　　)。
A. 返回用户指定的值　　B. 返回系统默认值
C. 没有返回值　　D. 返回一个不确定的值

15. 以下程序运行时输入 5, 3 回车,输出结果是(　　)。
```
#include <stdio.h>
void swap(int a, int b){
    int t;
    t=a; a=b; b=t;
}
int main(){
    int a,b;
    scanf("%d, %d", &a, &b);
    swap(a, b);
    printf("a=%d, b=%d\n", a, b);
    return 0;
}
```
A. a=5, b=3　　B. a=3, b=5　　C. 5, 3　　D. 3, 5

二、综合题

1. 程序填空。以下程序采用选择排序算法实现对 10 个整数的排序,请在标号(1)~(5)

处填上正确的代码。

```c
#include <stdio.h>
#define SIZE 10
    ___(1)___;
int main(){
    int arr[SIZE];
    int i, j, minIndex, temp;
    printf("请输入 10 个整数:\n");
    for(i=0; i<SIZE; i++){
        printf("arr[%d]=", i);
        scanf("%d ", &arr[i]);
    }
    ___(2)___;
    printf("排序后的数组:\n");
    for(i=0; i<SIZE; i++)
        printf("%d ", arr[i]);
    printf("\n");
    return 0;
}

void selectSort(int arr[]){
    for(i=0; i<SIZE-1; i++){
        minIndex=i;
        for(j=___(3)___; j<SIZE; j++)
            if(___(4)___)
                minIndex=j;
        if(minIndex!=i)
            ___(5)___
    }
}
```

(1)_____

(2)_____

(3)_____

(4)_____

(5)_____

2.程序填空。以下程序实现对一个给定的3×4二维整型数组进行转置(即将行列位置互换)。请在标号(1)～(4)处填上正确的代码。

```c
#include <stdio.h>
void transpose(int arr[3][4], int transposed[4][3]);
void printArray(int arr[][3], int rows);

int main(){
    int arr[3][4]={
        {1, 2, 3, 4},
        {5, 6, 7, 8},
        {9, 10, 11, 12}};
    int transposed[4][3];    //用于存放转置后的数组

    //调用转置函数
    _____(1)_____
    //调用打印函数,输出转置后的数组
    _____(2)_____

    return 0;
}
//函数定义,实现转置功能
void transpose(int arr[3][4], int transposed[4][3]){
    for(int i=0; i<3; i++)
        for(int j=0; j<4; j++)
            _____(3)_____
}
//函数定义,实现打印二维数组功能
void printArray(int arr[][3], int rows){
    printf("转置后的数组为:\n");
    for(int i=0; _____(4)_____ ; i++){
        for(int j=0; j<3; j++)
            printf("%d ", arr[i][j]);
        printf("\n");
    }
}
```

程序运行结果如下：

```
转置后的数组为：
1 5 9
2 6 10
3 7 11
4 8 12
```

(1)_____

(2)_____

(3)_____

(4)_____

第七章 指 针

 本章知识要点

★**指针的概念**
   ◇ 指针是存储变量地址的变量。
   ◇ 指针的声明:int *p; 表示 p 是一个指向 int 类型变量的指针。

★**指针运算**
   ◇ 指针可以进行加减运算(如 p++、p--),这意味着指针指向的地址会根据类型的大小改变。
   ◇ 指针的比较运算:可以用==、!=等比较两个指针是否指向相同的地址。

★**指针与数组**
   ◇ 数组名本质上是一个指针,指向数组的首元素。
   ◇ 可以使用指针遍历数组:当 p＝array 时,*(p＋i)等价于 array[i]。

★**指针与函数**
   ◇ 指针可以作为函数参数进行传递,实现"按地址传递",使得函数可以修改实际参数的值。
   ◇ 函数的返回值也可以是指针。

★**指针与字符串**
   ◇ 字符串在 C 语言中本质上是一个字符数组,可以使用字符指针来处理字符串。
   ◇ char *str="Hello"; 中,str 是指向字符串的指针。

★**动态内存分配**
   ◇ 使用 malloc、calloc 函数可以动态分配内存,free 函数用于释放动态分配的内存。
   ◇ 动态内存分配通常与指针结合使用。

★**指针数组与数组指针**
   ◇ 指针数组是指一个数组,其元素是指针。
   ◇ 数组指针是指一个指针,它指向一个数组。

★**多级指针**
   ◇ 指针的指针,如 int **p;,表示 p 是一个指向 int 类型指针的指针。

★**NULL 指针**
   ◇ NULL 指针不指向任何有效的变量或函数,通常用于指针初始化或检查指针是否指向有效地址。

一、单选题

1. 以下关于指针的描述中,正确的是( )。
   A. 指针是用来存放数据的
   B. 指针是用来存放变量地址的
   C. 指针是用来存放变量的值的
   D. 指针与变量无关

2. 以下选项正确声明了一个指向 int 类型的指针的是( )。
   A. int p;   B. int *p;   C. int p*;   D. int *p();

3. 运行以下程序,输出结果是( )。
```
#include <stdio.h>
int main(){
    int m=1, n=2, *p=&m, *q=&n, *r;
    r=p; p=q; q=r;
    printf("%d, %d, %d, %d\n", m, n, *p, *q);
    return 0;
}
```
   A. 1, 2, 1, 2   B. 1, 2, 2, 1   C. 2, 1, 2, 1   D. 2, 1, 1, 2

4. 若有 int arr[5]; int *p=arr;,以下表达式中表示数组的第一个元素的是( )。
   A. *arr   B. arr[0]   C. *p   D. 以上皆是

5. 下列关于指针与数组关系的描述中,不正确的是( )。
   A. 数组名可以看作指向数组第一个元素的指针
   B. *(arr+i)等价于 arr[i]
   C. arr[i]等价于 &arr[i]
   D. 指针可以用于遍历数组

6. 关于指针与字符串,以下说法正确的是( )。
   A. 字符串只能用数组表示
   B. 字符串的本质是字符数组
   C. 字符串不能使用指针操作
   D. 字符串与指针无关

7. 已定义以下函数 int fun(int *p){return *p;},其中 fun 函数的返回值是( )。
   A. 不确定的值
   B. 一个整数
   C. 形参 p 中存放的值
   D. 形参 p 的地址值

8. 若有定义:int a[]={0, 1, 2, 3, 4, 5, 6, 7, 8, 9}, *p=a, i;,其中 0<=i<=9,则对数组 a 元素引用不正确的是( )。
   A. a[p-a]   B. *(&a[i])   C. p[i]   D. a[10]

9. 以下叙述中,正确的是( )。
   A. 函数的类型不能是指针类型
   B. 函数的形参类型不能是指针类型
   C. 类型不同的指针变量可以相互混用
   D. 设有指针变量为 double *p,则 p+1 将指针 p 向后移动 8 个字节

10. 若有定义:int x[10], *pt=x;,则对数组 x 元素引用正确的是( )。
A. *(x+3)　　　　B. *&x[10]　　　　C. *(pt+10)　　　　D. pt+3

11. 若有定义:double x, y, *px, *py;,执行 px=&x; py=&y; 后,正确的输入语句是( )。
A. scanf("%d%d", &x, &y);　　　　B. scanf("%f%f", x, y);
C. scanf("%lf%lf", px, py);　　　　D. scanf("%lf%lf", x, y);

12. 函数 void fun(char*a, char*b){while((*b=*a)!='\0'){a++; b++;}}的功能是( )。
A. 使指针 b 指向 a 所指字符串
B. 将 a 所指字符串与 b 比较
C. 将 a 所指字符串复制到 b 所指空间
D. 检查 a 和 b 所指字符串中是否含'\0'

13. 以下关于指针的叙述中,正确的是( )。
A. 如果 p 是指针变量,则*p 表示变量 p 的地址值
B. 如果 p 是指针变量,则 &p 是非法表达式
C. 在对指针进行加减运算时,数字 1 表示一个元素的大小(以该指针类型决定)
D. 如果 p 是指针变量,则*p+1 和*(p+1)效果一样

14. 下列指针数组的定义中,正确的是( )。
A. int *arr[10];　　　B. int arr*[10];　　　C. int *arr();　　　D. int *arr;

15. 以下关于 NULL 指针的描述正确的是( )。
A. NULL 指针表示一个有效的内存地址
B. NULL 指针不能被赋值
C. NULL 指针表示一个空指针,不指向任何地址
D. NULL 指针可以用于指向任意地址

二、综合题

1. 阅读以下程序,写出程序运行结果。

(1)
```c
#include <stdio.h>
int main(){
    int a[]={1, 2, 3, 4 }, y, *p=&a[3];
    --p;
    y=*p;
    printf("y=%d\n", y);
    return 0;
}
```
程序运行结果为:_____

（2）
```
#include <stdio.h>
int findMax(int *arr, int size){
    int max=arr[0];
    for(int i=1; i<size; i++)
        if(arr[i]>max)
            max=arr[i];
    return max;
}
int main(){
    int data[]={17, 23, 5, 100, 56, 32};
    int maxValue=findMax(data, 6);
    printf("Max value:%d\n", maxValue);
    return 0;
}
```

程序运行结果为：_____

2.程序改错。以下程序中，函数 sumArray 使用指针遍历数组并计算所有元素的和，程序的预期输出结果为：Sum of array:28。

请仔细阅读以下代码，找出其中 4 处语法错误并予以改正。

1. #include <stdio.h>
2. int main(){
3.   int numbers[]={3, 8, 12, -4, 9};
4.   int total=sumArray(&numbers, 5);
5.   printf("Sum of array:%d\n", total);
6.   return 0;
7. }
8. int sumArray(int *arr, int size){
9.   int sum=0;
10.   for(int i=0; i<=size; i++)
11.   sum+=(arr+i);
12.   return sum;
13. }

错误 1：_____
错误 2：_____
错误 3：_____
错误 4：_____

3.程序填空。以下程序中，reverseArray 函数通过循环和 swap 函数对数组中的元素进行原地逆置操作。程序运行的预期输出为：

Reversed array:10 9 8 7 6 5 4 3 2 1。

请在程序中的(1)~(4)处填入正确的代码，以实现该功能。

```c
#include <stdio.h>
void swap(int *x, int *y){
    int temp=*x;
    _____(1)_____
    *y=temp;
}
void reverseArray(int *arr, int size){
    for(int i=0; _____(2)_____; i++)
        swap(&arr[i], &arr[size-1-i]);
}

int main(){
    int array[10]={1, 2, 3, 4, 5, 6, 7, 8, 9, 10};
    _____(3)_____
    printf("Reversed array:");
    for(int i=0; i<10; i++)
        printf("%d ", _____(4)_____);
    printf("\n");
    return 0;
}
```

(1)_____

(2)_____

(3)_____

(4)_____

第八章　自定义数据类型

 本章知识要点

★ 结构体的概念
  ◇ 结构体是一种用户自定义的数据类型，可以将不同类型的数据组合在一起。
  ◇ 结构体的声明和定义使用关键字 struct。
★ 结构体的声明与定义
  ◇ 结构体的声明格式：struct 结构体名 {数据类型成员名;…};。
  ◇ 结构体变量的定义可以在结构体声明时或之后进行。
★ 结构体变量的初始化
  ◇ 结构体变量可以在定义时直接初始化。
  ◇ 结构体变量的初始化形式：struct 结构体名 变量名={值1,值2,…};。
★ 结构体成员的访问
  ◇ 使用点运算符 . 访问结构体成员：结构体变量.成员名。
  ◇ 结构体指针访问成员时使用箭头运算符 ->：结构体指针 ->成员名。
★ 结构体数组
  ◇ 结构体数组是一种包含多个相同类型结构体的数组。
  ◇ 结构体数组中的元素可以像普通数组一样通过下标访问。
★ 结构体指针
  ◇ 结构体指针是指向结构体类型变量的指针。
  ◇ 结构体成员可以通过结构体指针访问。
★ 结构体与函数
  ◇ 结构体可以作为函数的参数传递。
  ◇ 结构体可以通过指针传递，以避免拷贝整个结构体的数据。
★ 共用体（联合）
  ◇ 共用体使用 union 关键字定义，所有成员共用同一段内存空间。
  ◇ 共用体的大小由最大成员的大小决定。
★ 枚举类型
  ◇ 枚举类型使用 enum 关键字定义，表示一组相关的整型常量。
  ◇ 每一个枚举元素都代表一个整数，C 语言编译按定义时的顺序默认它们的值为 0,1,2,3,4,5……也可以在定义枚举类型时显式地指定枚举元素的数值。

一、单选题

1. 以下关于结构体的声明中,正确的是( )。
   A. struct{int x; float y;}
   B. struct Point{int x; float y;};
   C. struct Point{int x; float y }
   D. struct Point{x:int; y:float;}

2. 以下选项正确地定义了一个结构体的是( )。
   A. struct Person{char name[50]; int age;};
   B. struct Person{char name[50], int age;}};
   C. struct Person char name[50]; int age;
   D. struct{char name[50]; int age;} Person;

3. 结构体变量的成员访问使用的运算符是( )。
   A. ->   B. .   C. *   D. &

4. 以下结构体指针的定义中,正确的是( )。
   A. struct Point *p;
   B. Point p;
   C. struct Point p*;
   D. *Point p;

5. 若定义了结构体数组 struct Point points[3];,以下选项中正确表示访问第二个结构体变量的 y 成员的是( )。
   A. points[1]. y   B. points[2]. y   C. points[0]. y   D. points[3]. y

6. 结构体成员可以是以下数据类型中的( )。
   A. 基本数据类型   B. 枚举类型   C. 指针类型   D. 以上皆是

7. 给定以下结构体说明与变量定义:
```
struct STD{
    char name[10];
    int age;
    char sex;
}s[5], *ps;
ps=&s[0];
```
以下 scanf 函数调用语句中有错误的是( )。
   A. scanf("%d", &s[0]. age);
   B. scanf("%c", &(ps ->sex));
   C. scanf("%s", s[0]. name);
   D. scanf("%d", ps ->age);

8. 结构体在内存中所占存储空间的大小是( )。
   A. 各成员大小之和
   B. 各成员大小之和加上必要的内存对齐
   C. 最大成员的大小
   D. 由系统随机决定

9. 给定以下结构体与变量定义:
```
struct student{
    int age;
    char num[8];
```

};
struct student stu[3]={{20, "200401"}, {21, "200402"}, {19, "200403"}};
struct student *p=stu;
以下对结构体成员的访问表达式中,错误的是(　　)。
A. (p++) -> num　　　B. p -> num　　　C. (*p). num　　　D. stu[3]. age

10. 给定如下 typedef 类型定义:
typedef struct ST{
　　long a;
　　int b;
　　char c[2];
} NEW;
下列说法中正确的是(　　)。
A. 上述定义语法非法　　　　　　B. ST 是一个结构体变量
C. NEW 是一个结构体类型名　　D. NEW 是一个结构体变量名

11. 已定义结构体数组如下:
struct stu{
　　char name[10];
　　int age;
}a[5]={"ZHAO", 14, "WANG", 15, "LIU", 16, "ZHANG", 17};
执行语句 printf("%d, %s", a[2]. age, a[1]. name); 的输出结果是(　　)。
A. 15, ZHAO　　　B. 16, WANG　　　C. 17, LIU　　　D. 17, ZHAO

12. 根据以下定义:
struct person{
　　char name[10];
　　int age;
}c[10]={"John", 17, "Paul", 19, "Mary", 18, "Adam", 16};
以下能正确打印字符"M"的语句是(　　)。
A. printf("%c", c[3]. name);　　　　B. printf("%c", c[3]. name[1]);
C. printf("%c", c[2]. name[0]);　　D. printf("%c", c[2]. name[1]);

13. 若有以下定义:
struct student{
　　int age;
　　int num;
};
struct student stu[3]={{1001, 20}, {1002, 19}, {1003, 2}};
struct student *p;
p=stu;

下列表达式中,值为 1002 的是( )。

A. (p++) -> num   B. (p++) -> age   C. (*p). num   D. (*++p). age

14. 以下定义枚举类型的方式中,正确的是( )。

A. enum Color{Red, Green, Blue};   B. enum Color(Red, Green, Blue);

C. enum Color={Red, Green, Blue};   D. Color enum{Red, Green, Blue};

15. 若定义枚举类型:enum Day{Mon, Tue, Wed, Thu, Fri, Sat, Sun};,则 Thu 的值是( )。

A. 2   B. 3   C. 4   D. 5

二、综合题

1. 请写出以下程序的运行结果。

(1)有下列程序:

```
#include <stdio.h>
#include <string.h>
typedef struct{
    char name[9];
    char sex;
    float score[2];
} STU;
STU f(STU a){
    STU b={"Zhao", 'm', 85.0, 90.0};
    int i;
    strcpy(a.name, b.name);
    a.sex=b.sex;
    for(i=0; i<2; i++)
        a.score[i]=b.score[i];
    return a;
}
int main(){
    STU c={"Qian", 'f', 95.0, 92.0}, d;
    d=f(c);
    printf("%s,%c,%2.0f,%2.0f\n", d.name, d.sex, d.score[0], d.score[1]);
    return 0;
}
```

程序的运行结果是( )。

A. Qian, m, 85, 90   B. Zhao, f, 95, 92   C. Zhao, m, 85, 90   D. Qian, f, 95, 92

(2)有下列程序:
```c
#include <stdio.h>
struct Employee{
    char name[20];
    int age;
    float salary;
};
void printEmployee(struct Employee e){
    printf("Name:%s, Age:%d, Salary:%.2f \n", e.name, e.age, e.salary);
}
void updateSalaries(struct Employee *employees, int size, float increment){
    for(int i=0; i<size; i++)
        employees[i].salary+=increment;
}
int main(){
    struct Employee employees[3]={
        {"Alice", 30, 55000.5},
        {"Bob", 45, 48000.0},
        {"Charlie", 28, 62000.3}
    };
    updateSalaries(employees, 3, 5000.0);
    for(int i=0; i<3; i++)
        printEmployee(employees[i]);
    return 0;
}
```
程序的运行结果为:_____

2.阅读以下程序,回答以下问题:

1)请在(1)~(4)处填上正确的代码。

2)写出程序运行结果。

【提示】以下程序主要包括以下几部分:

A. 结构体 Student 定义与初始化,该结构体包含3个成员:name(姓名)、age(年龄)、score(成绩)。

B. 排序函数 sortByScore,该函数使用冒泡排序法将学生按照成绩从高到低进行排序。在排序过程中,两个学生之间的成绩比较后,若顺序不正确则交换位置。

C. 搜索函数 searchByName,该函数根据名字搜索学生。使用 strcmp 函数比较学生的名字,找到匹配的学生返回其在数组中的索引,若未找到则返回-1。

```c
#include <stdio.h>
#include <string.h>
struct Student{
    char name[20];
    int age;
    float score;
};
void sortByScore(struct Student *students, int size){
    struct Student temp;
    for(int i=0; i<size-1; i++){
        for(int j=i+1; j<size; j++){
            if(  (1)  ){
                temp=students[i];
                students[i]=students[j];
                students[j]=temp;
            }
        }
    }
}
int searchByName(struct Student *students, int size, const char *name){
    for(int i=0; i<size; i++)
        if(strcmp(students[i].name, name)==0)
            return i;
    ___(2)___
}
void printStudent(struct Student s){
    printf("Name:%s, Age:%d, Score:%.2f \n", s.name, s.age, s.score);
}
int main(){
    struct Student students[4]={
        {"Alice", 20, 85.5},
        {"Bob", 21, 78.0},
        {"Charlie", 19, 92.3},
        {"David", 22, 88.5}
    };
    sortByScore(  (3)  );
    printf("Sorted Students by Score:\n");
```

```
        for(int i=0; i<4; i++)
            printStudent(students[i]);
    printf("\nSearching for'Charlie':\n");
    int index=searchByName(students, 4, "Charlie");
    if(index !=-1)
        printStudent(  (4)  );
    else
        printf("Student not found. \n");
    return 0;
}
```

1)程序填空

(1)_____

(2)_____

(3)_____

(4)_____

2)程序运行结果为：

_____

第九章 文 件

  本章知识要点

★ 文件的概念
　◇ 文件是存储在外部存储介质上的数据集合，可以长期保存，程序可以通过文件进行数据的输入和输出。

★ 文件的打开与关闭
　◇ 文件的打开使用 fopen()函数，返回 FILE*类型的指针，用于操作文件。
　◇ 文件的关闭使用 fclose()函数，释放与文件关联的资源。
　◇ 文件模式："r"(读)、"w"(写)、"a"(追加)、"rb"(二进制读)、"wb"(二进制写)等。

★ 文件的读写操作
　◇ 文本文件的读写操作：fgetc()、fputc()、fgets()、fputs()、fprintf()、fscanf()等。
　◇ 二进制文件的读写操作：fread()、fwrite()。

★ 文件的定位
　◇ 使用 fseek()函数可以在文件中移动读写位置指针。
　◇ ftell()函数用于返回当前读写位置相对于文件开头的偏移量。
　◇ rewind()函数将文件的读写位置指针重新定位到文件的开头。

★ 文件结束的检测
　◇ 使用 feof()函数检测文件是否到达文件末尾。

★ 二进制文件与文本文件的区别
　◇ 文本文件以可读的字符形式存储数据，通常以'\n'表示换行。
　◇ 二进制文件以二进制形式存储数据，没有特殊的换行符和 EOF 标识。

一、单选题

1. 以下(　　)选项正确描述了 fwrite()函数的使用方式。
A. fwrite(buffer, sizeof(buffer), 1, fp);　　B. fwrite(buffer, 1, sizeof(buffer), fp);
C. fwrite(fp, buffer, sizeof(buffer), 1);　　D. fwrite(buffer, 1, 1, fp);

2. 使用文件打开模式"rb"表示的含义是(　　)。
A. 以二进制模式打开一个文件并进行读操作
B. 以文本模式打开一个文件并进行读操作
C. 以二进制模式打开一个文件并进行写操作

D. 以文本模式打开一个文件并进行写操作

3. 若需要将格式化文本写入文件,应使用( )函数。

A. fscanf()   B. fprintf()   C. fgets()   D. fwrite()

4. 以下关于文件操作的叙述中,正确的是( )。

A. 打开一个已存在的文件并进行写操作时,原有内容一定会被清除

B. 在写入文件后,必须关闭文件再重新打开,才能读取文件开头的数据

C. C语言中的文件只能顺序读取,无法随机访问

D. 文件读操作完成后,如果不关闭文件,可能会导致数据丢失或资源泄露

5. 若需要以可读可写的方式打开一个已存在的非空文件"FILE",以下语句正确的是( )。

A. fp=fopen("FILE", "r");   B. fp=fopen("FILE", "a+");

C. fp=fopen("FILE", "w+");   D. fp=fopen("FILE", "r+");

二、综合题

1. 以下程序运行后的输出结果是( )。

```
#include <stdio.h>
int main(){
    FILE* fp;
    int k, n, a[6]={1, 2, 3, 4, 5, 6};

    fp=fopen("d2.dat", "w");
    fprintf(fp, "%d%d%d\n", a[0], a[1], a[2]);
    fprintf(fp, "%d%d%d\n", a[3], a[4], a[5]);
    fclose(fp);

    fp=fopen("d2.dat", "r");
    fscanf(fp, "%d%d", &k, &n);
    printf("%d %d\n", k, n);
    fclose(fp);

    return 0;
}
```

A. 1 4   B. 123 456   C. 123 4   D. 1 2

2. 请写出以下程序的运行结果。

```
#include <stdio.h>
int main(){
    FILE * fp;
```

```c
    int num, sum=0;
    fp=fopen("numbers.txt", "w");
    if(fp==NULL){
        printf("Error opening file! \n");
        return 1;
    }
    for(int i=1; i<=5; i++)
        fprintf(fp, "%d\n", i*10);
    fclose(fp);

    fp=fopen("numbers.txt", "r");
    if(fp==NULL){
        printf("Error opening file! \n");
        return 1;
    }
    while(fscanf(fp, "%d", &num)!=EOF)
        sum+=num;
    fclose(fp);
    printf("Sum of numbers:%d\n", sum);
    return 0;
}
```
程序的运行结果为：_____

第十章　综合练习

一、单选题

1. 以下选项中,正确的标识符是(　　)。
   A. long　　　　　　B. _SUM　　　　　　C. f(x)　　　　　　D. 2x

2. 下列 C 语言用户标识符中合法的是(　　)。
   A. _sum　　　　　　B. 2year　　　　　　C. long　　　　　　D. Mr. Wang

3. 若球体半径定义为:double r;,则求该球体体积的正确表达式为(　　)。
   A. 4/3.0*3.14159*(r^3)　　　　　　B. 4*3.14159*r*r*r/3
   C. 4/3*3.14159*pow(r, 3)　　　　　D. 4/3*3.14159*r*r*r

4. 若有定义:int a=3, b=2, c=1, z;,则表达式 z=a>b>c 的值为(　　)。
   A. 0　　　　　　　B. 1　　　　　　　C. 2　　　　　　　D. 3

5. 下列关于 return 语句的表述中正确的是(　　)。
   A. 在函数体内 return 语句至少要出现 1 次
   B. 在函数体内 return 语句只能出现 1 次
   C. 函数返回值的数据类型取决于 return 语句所带的表达式的数据类型
   D. 在函数体内 return 语句可以出现 0 次或多次

6. 若有定义:int a[3][4];,则对 a 数组元素引用不正确的是(　　)。
   A. a[0][2 * 1]　　　B. a[1][3]　　　　　C. a[0][4]　　　　　D. a[4-2][0]

7. 若有:int x,y; scanf("x=%d,y=%d",&x,&y);,则能够使得 x 和 y 的值分别为 3 和 4 的正确输入方式为(　　)。
   A. x=3 y=4　　　　B. x=3, y=4　　　　C. 3, 4　　　　　　D. 3 4

8. C 语言程序中使用条件分支语句 if-else 时,else 应与(　　)组成配对关系。
   A. 同一复合语句内部的 if　　　　　B. 在其之前任意的 if
   C. 在其之前未配对的最近的 if　　　D. 首行位置相同的 if

9. 若有定义:int k=0;则以下 k 值不是 1 的是(　　)。
   A. k++　　　　　　B. k+=1　　　　　　C. ++k　　　　　　D. k+1

10. 以下选项中,操作数必须是整型或字符型的运算符是(　　)。
    A. ++　　　　　　　B. !　　　　　　　　C. %　　　　　　　　D. /

11. 关于 C 语言程序,以下叙述中正确的是(　　)。
    A. main 函数必须位于所有其他函数之前

B. 预处理命令属于一类特殊的 C 语言语句

C. 优先级高的运算符优先计算

D. C 语言的输入和输出功能只能通过函数调用才能实现

12. 以下程序的运行结果是(   )。

int a[2][3]={0, 1, 2, 3, 4, 5};

int *p=a[0];

printf("%d", p[3]);

 A. 2   B. 3   C. 4   D. 5

13. 若有定义：

struct student{

  int num;

  char name[16];

}stu, *p=&stu;

则能够正确输入 stu 中 num 和 name 成员的语句是(   )。

A. scanf("%d%s", stu. num, &stu. name);

B. scanf("%d%s", &stu. num, stu. name);

C. scanf("%d%s", p ->num, p ->name);

D. scanf("%d%s", &p. num, &p. name);

14. 若有语句：int *point, a=4; point=&a;，下面均代表地址的一组选项是(   )。

 A. a, point, *&a   B. &*a, &a, *point

 C. &a, &*point, &point   D. *&point, *&*point, &a

15. 关于 break 语句和 continue 语句，以下叙述中正确的是(   )。

A. break 语句和 continue 语句仅可用于循环语句

B. break 语句可直接退出多层循环

C. continue 语句可提前结束本次循环

D. break 语句在退出循环时可携带一个返回值

16. 若有程序如下：

#include <stdio. h>

void swap(int* x, int* y){

  int *t;

  t=x, x=y, y=t;

}

int main(){

  int a=3, b=4;

  swap(&a, &b);

  printf("%d, %d", a, b);

  return 0;

}

则程序的输出结果为( )。

A. 3, 3　　　　　　B. 3, 4　　　　　　C. 4, 4　　　　　　D. 4, 3

17. 若有定义:char str[8]="Hello", *p=str;,则 strlen(p)的值是( )。

A. 5　　　　　　　B. 6　　　　　　　C. 8　　　　　　　D. 不确定

18. 已知 ch 是字符型变量,下面不正确的赋值语句是( )。

A. ch='a+b'　　　B. ch='\0'　　　C. ch='7'+'9'　　　D. ch=5+9

19. 以下程序的运行结果是( )。

```
#include <stdio.h>
void fun(int *p, int n){
    int i, t;
    for(i=0; i<n/2; i++){
        t=*(p+i);
        p[i]=p[n-1-i];
        *(p+n-1-i)=t;
    }
}
int main(){
    int a[10]={9, 8, 7, 6, 5, 4, 3, 2, 1, 0};
    fun(a, 10);
    printf("%3d", a[5]);
    return 0;
}
```

A. 5　　　　　　　B. 6　　　　　　　C. 4　　　　　　　D. 7

20. 以下程序的运行结果是( )。

```
#include<stdio.h>
int DigitSum(int n){
    if(n/10==0)
        return n;
    else
        return DigitSum(n/10)+n%10;
}
int main(){
    int number=1234;
    printf("%d", DigitSum(number));
    printf("\n");
    return 0;
```

}

  A. 1234   B. 4321   C. 10   D. 24

21. 若变量 c 为 char 类型,能正确判断出 c 为小写字母的表达式是（ ）。

  A. 'a'<=c<='z'   B. (c>='a') || (c<='z')

  C. ('a'<=c)and('z'>=c)   D. (c>='a') && (c<='z')

22. 逻辑运算符两侧运算对象的数据类型（ ）。

  A. 只能是 0 或 1   B. 只能是 0 或非 0 正数

  C. 只能是整型或字符型数据   D. 可以是任何类型的数据

23. 以下程序所表示的分段函数是（ ）。

```c
#include <stdio.h>
int main(){
    int x, y;
    printf("Enter x:");
    scanf("%d", &x);
    y=x>=0 ? 2*x+1:0;
    printf("x=%d:f(x)=%d", x, y);
    return 0;
}
```

A. $f(x)=\begin{cases} 0 & (x\leq 0) \\ 2x+1 & (x>0) \end{cases}$

B. $f(x)=\begin{cases} 0 & (x\geq 0) \\ 2x+1 & (x<0) \end{cases}$

C. $f(x)=\begin{cases} 2x+1 & (x<0) \\ 0 & (x\geq 0) \end{cases}$

D. $f(x)=\begin{cases} 0 & (x<0) \\ 2x+1 & (x\geq 0) \end{cases}$

24. 设有语句:int a=2, b=3, c=4; float x=3.5, y=4.8;,则表达式!(a+b)+c-1 && b+c/2 和表达式 x+a%3*(int)(x+y)%2/4 的值分别为（ ）。

  A. 0 和 3.50000   B. 1 和 3.50000   C. 0 和 4.50000   D. 1 和 4.50000

25. 执行下列程序后,变量 i 的值是（ ）。

```c
int i=10, b=1;
switch(i){
    case 9:     ++i;
    case 10:    i*2;
    case 11:    b=(i=++b, i+3, i/3);
                break;
    default:    i+=1;
```

}

 A. 20   B. 2   C. 11   D. 1

26. 以下程序的输出结果是（ ）。
```
#include <stdio.h>
int main(){
    int a, b;
    for(a=1, b=1; a<=100; a++){
        if(b>=10)
            break;
        if(b%3==1){
            b+=3;
            continue;
        }
    }
    printf("%d\n", a);
    return 0;
}
```
 A. 101   B. 6   C. 15   D. 4

27. 在C语言程序中,有关函数的定义正确的是（ ）。
A. 函数的定义可以嵌套,但函数的调用不可以嵌套
B. 函数的定义不可以嵌套,但函数的调用可以嵌套
C. 函数的定义和函数的调用均不可以嵌套
D. 函数的定义和函数的调用均可以嵌套

28. 以下程序的运行结果是（ ）。
```
int a[2][3]={0, 1, 2, 3, 4, 5};
int *p=&a[0][0];
printf("%d", p[1*3+0]);
```
 A. 2   B. 3   C. 4   D. 5

29. 在以下程序的主函数中"***"处调用mystrlen函数的语句错误的是（ ）。
```
int mystrlen(char*s){
    int n;
    for(n=0; *s!='\0'; s++)
        n++;
    return n;
}
int main(){
    char s[10]="USTC";
```

```
    char*p1="USTC";
    char*p2=p1;
    ***
}
```

A. mystrlen(s);   B. mystrlen(&s[0]);
C. mystrlen(p1);   D. mystrlen(*p2);

30. 已知 char x[]="hello", y[]={'h', 'e', 'l', 'l', 'o'};，则关于两个数组长度的正确描述是（   ）。

A. 相同   B. x 大于 y   C. x 小于 y   D. 以上答案都不对

31. 已知学生记录及变量的定义为
```
struct student{
    int no;
    char name[20];
    char gender;
    struct{int year, month, day;}birth;
};
struct student s, *ps;
ps=&s;
```
以下能给 s 中的 year 成员赋值 2005 的语句是（   ）。

A. s. year=2005;   B. ps. year=2005;
C. ps ->year=2005;   D. s. birth. year=2005;

32. 当运行时输入：abcd$abcde，下面程序的运行结果是（   ）。
```
#include <stdio.h>
int main(){
    while(putchar(getchar())!='$');
    printf("end");
    return 0;
}
```
A. abcd$abcde   B. abcdend
C. abcd$end   D. abcd$abcdeend

33. 以下程序的运行结果是（   ）。
```
#include <stdio.h>
int main(){
    int n[3], i, j, k;
    for(i=0; i<3; i++)
        n[i]=0;
    k=2;
```

```
        for(i=0; i<k; i++)
            for(j=0; j<k; j++)
                n[j]=n[i]+1;
        printf("%d\n", n[1]);
        return 0;
}
```
A. 1 　　　　　B. 2 　　　　　C. 3 　　　　　D. 4

34. 以下程序执行后输出的结果是（　　）。
```
#include <stdio.h>
int main(){
    int i, j, k=0;
    for(i=0; i<5; i++)
        for(j=i; j<5; j++)
            k++;
    printf("%d\n", k);
    return 0;
}
```
A. 15 　　　　　B. 13 　　　　　C. 17 　　　　　D. 19

35. 以下程序的运行结果是（　　）。
```
struct{
    int id;
    char name[15];
}stu[4]={2101, "Darkness", 2102, "Gorgeous", 2103, "Light", 2104, "Tread"}, *p=stu;
p++;
printf("%c\n", ++p->name[1]);
```
A. E 　　　　　B. o 　　　　　C. p 　　　　　D. L

36. 若有函数定义如下：
```
int func(int n){
    if(n>0)
        return n+func(n-1);
    return 0;
}
```
则 func(10)的值为（　　）。
A. 0 　　　　　B. 10 　　　　　C. 45 　　　　　D. 55

37. 如果打开文件时选用的文件操作方式为"wb+"，以下说法错误的是（　　）。
A. 要打开的文件是二进制文件　　　　　B. 要打开的文件必须存在
C. 要打开的文件可以不存在　　　　　　D. 打开文件后可以读取数据

38. 关于 C 语言中的 switch 语句,以下选项中错误的是(　　)。

A. switch 语句是一种多分支语句

B. switch 语句中可以没有 default 分支

C. 程序执行到下一个 case 时,跳出 switch 语句

D. switch 后的表达式可以是整型或字符型

39. 设 x、y 和 z 是 int 型变量,且 x=3,y=4,z=5,则下面表达式表示值为 0 的是(　　)。

A. 'x' && 'y'　　　　　　　　　　　　B. x <= y;

C. x ‖ y+z && y-z　　　　　　　　　D. !((x<y) && !z ‖ 1)

40. 若有说明语句如下:

char a[]="It is mine";

char *p=a;

则以下叙述错误的是(　　)。

A. a+3 表示的是字符'i'所在存储单元的地址

B. p 指向另外的字符串时,字符串的长度不受限制

C. *(p+i)等价于 p[i]

D. a 中只能存放 10 个字符

二、综合题

1. 程序填空。完成程序,填入适当的语句。实现功能:将输入的大写字母转换为小写字母,小写字母转换为大写字母,其他字符不变,并最后输出。每空仅填一个表达式或语句。

```
#include <stdio.h>
int main(){
    char c;
    c=getchar();
    switch((c>='A')+(c>'Z')+(c>='a')+(c>'z')){
        case 1:　(1)　; break;
        case 3:　(2)　; break;
    }
    printf("%c", c);
    return 0;
}
```

(1)_____

(2)_____

2. 程序填空。完成程序,填入适当的语句。实现功能:统计给定数组 a 中素数的个数并输出。

```
#include <stdio.h>
int prinum(int* a){
```

```
    int count=0, i, j, k;
    for(i=0; i<10; i++)  {
        for(j=2; j<=a[i] - 1; j++)
            if(  (1)  )
                break;
        if(j==a[i])
             (2)  ;
    }
    return count;
}
int main(){
    int a[10]={11, 3, 50, 17, 81, 9, 10, 101, 111, 12};
    printf("prime numbers are:%d\n", prinum(  (3)  ));
}
```

(1)_____

(2)_____

(3)_____

3. 程序填空。完成程序,填入适当的语句。实现功能:统计字符串中字母的个数。

```
#include <stdio.h>
int main(){
    char str[50];
    int i, j=0;
    scanf("%s",   (1)  );
    for(i=0;   (2)  ; i++)
        if(  (3)  )
            j++;
    printf("j=%d\n", j);
}
```

(1)_____

(2)_____

(3)_____

4. 程序填空。完成程序,填入适当的语句。下列函数 tax 根据收入金额 salary($\geqslant$0)对应不同税率计算应缴税额,并返回应缴税额。税率计算公式 f(x)为

$$f(x) = \begin{cases} 0, & x<1000 \\ 5\%, & 1000 \leqslant x<3500 \\ 10\%, & 3500 \leqslant x<5000 \\ 15\%, & x \geqslant 5000 \end{cases}$$

```
float tax(int salary){
    switch( (1) ){
    case 0:
    case 1:return 0;
    case 2:
    case 3:
    case 4:
    case 5:
    case 6:return    (2)   ;
    case 7:
    case 8:
    case 9:return salary*0.1;
    default:return    (3)   ;
    }
}
```

(1) _____

(2) _____

(3) _____

5. 程序填空。完成程序，填入适当的语句。实现功能：输入整数 n 的值，逆序输出 n 的各位数字。例如：输入 3210，输出 0123。每空仅写一个表达式或语句。

```
#include <stdio.h>
int main(){
    int n;
    scanf("%d", &n);
    do{
        printf("%d",    (1)   );
    }while(   (2)   );
    return 0;
}
```

(1) _____

(2) _____

6. 程序填空。完成程序，填入适当的语句。有如下结构体类型，完成函数，实现用冒泡法按 score 降序对结构体数组 r 的元素进行排序。

```
struct student{
    char name[20];
    double score;
};
```

```
void bubblesort(struct student r[], int n){//冒泡法排序
    int i, j;
    ___(1)___;
    for(i=0; i<n-1; i++)
        for(j=0; j<n-i-1; j++)
            if(___(2)___){   //比较成绩
                temp=r[j];
                ___(3)___;
                r[j+1]=temp;
            }
}
```
(1)_____
(2)_____
(3)_____

7. 程序填空。完成程序,填入适当的语句。实现功能:将一组字符串从小到大排序后输出。

```
#include <stdio.h>
#include <string.h>
void sortstring(___(1)___){
    int i, j, k;
    for(i=0; i<n-1; i++){
        for(___(2)___, ___(3)___; j<n; j++)
            if(strcmp(p[j], p[k])<0)
                k=j;
        if(k !=i){
            char* t;
            t=p[i];
            p[i]=p[k];
            p[k]=t;
        }
    }
}
int main(){
    char* name[5]={"Li Bai", "Du Fu", "Bai Juyi", "Du Mu", "Lu You"};
    int i;
    sortstring(name, 5);
    for(i=0; i<5; i++)
```

                printf("%s\n",　(4)　);
        return 0;
    }
(1)＿＿＿＿＿＿＿＿＿＿
(2)＿＿＿＿＿＿＿＿＿＿
(3)＿＿＿＿＿＿＿＿＿＿
(4)＿＿＿＿＿＿＿＿＿＿

8. 程序填空。完成程序，填入适当的语句。在一组有序的数据中查找数据，若找到则输出数据在数组中，否则插入该元素。

```
#include <stdio.h>
#define N 10
void insert(int a[], int n, int m, int x){
    int j;     //该函数将 x 插入在 a[m], n 为数组 a[]大小
    for(　(1)　; j>=m; j--)
        a[j+1]=a[j];
    　(2)　;
}
int main(){
    int a[N+1]={1, 3, 5, 7, 9, 11, 13, 15, 17, 19, 21 }, i, x, flag=0;
    scanf("%d", &x);
    for(i=0; i<N; i++){
        if(a[i] == x){
            　(3)　;
            break;
        }
        else if(a[i] > x)
            break;
    }
    if(flag==1)
        printf("x is in array. \n");
    else if(i<=N)
        　(4)　;
    return 0;
}
```

(1)＿＿＿＿＿＿＿＿＿＿
(2)＿＿＿＿＿＿＿＿＿＿

（3）_____

（4）_____

9.程序改错。以下函数的功能是计算 GPA 并返回。其中 n 是课程数,数组 gp[]是每门课程的绩点,数组 credit 是相应课程的学分。但程序中有 3 处错误,请写出错误语句的行号,并改正。

1. void GPA(double gp[], int credit[], int n){
2.   double s;
3.   int i=0, c=0;
4.   while(i<n){
5.   s+=gp[i] * credit[i];
6.   c+=credit[++i];
7.   }
8.   return(s / c);
9. }

错误 1：_____

错误 2：_____

错误 3：_____

10.读程序写运行结果,并说明函数 int fun(int array[][4]); 实现的功能。

```
#include <stdio.h>
int main(){
    int fun(int array[][4]);
    int a[3][4]={{21, 43, 59, 7}, {2, 14, 6, 18}, {15, 17, 34, 12 }};
    printf("The value is%d\n", fun(a));
    return 0;
}
int fun(int array[][4]){
    int i, j, m;
    m=array[0][0];
    for(i=0; i<3; i++)
        for(j=0; j<4; j++)
            if(array[i][j] > m)
                m=array[i][j];
    return m;
}
```

程序的运行结果为：_____

实现的功能为：_____

三、编程题

1. 试写出求组合数 C_n^m 的函数 Combination，公式为

$$C_n^m = \frac{n!}{(n-m)!\ m!}$$

并编写主函数调用该函数，允许用户手动输入 m 和 n。

2. 采用结构体 Air 表示大气样本，内含采样地点、空气质量指数（AQI），以及细颗粒物（$PM_{2.5}$）、可吸入颗粒物（PM_{10}）、一氧化碳（CO）、二氧化氮（NO_2）、二氧化硫（SO_2）、臭氧（O_3）6 项污染物的实测浓度值，请编程实现下述功能：

(1) 将下表中的样本数据按空气质量指数从高到低排序；

(2) 输出排序后的结果。

采样地点	空气质量指数（AQI）	细颗粒物（$PM_{2.5}$）	可吸入颗粒物（PM_{10}）	一氧化碳（CO）	二氧化氮（NO_2）	二氧化硫（SO_2）	臭氧（O_3）
东湖梨园	54	27	58	1	30	9	66
汉阳月湖	47	31	47	1.1	47	8	48
汉口花桥	42	27	42	1	35	6	61
武昌紫阳	46	32	42	1.1	43	8	55

第二篇 实践指导

实习 1　　熟悉 C 语言编程环境

 实习目的

(1)熟悉 C 语言编程环境,掌握运行一个 C 语言程序的基本步骤,包括编辑、编译、链接和运行。

(2)了解 C 语言程序的基本框架,能够编写简单的 C 语言程序。

(3)了解 C 语言程序的运行过程,观察程序的运行结果。

(4)了解程序调试的思想,能找出并改正 C 语言程序中的语法错误。

实习内容

(1)请参照【附录 1 Visual Studio 2022 安装及使用】,在自己的电脑上安装 Visual Studio 2022,并编写一个 C 语言程序,在屏幕上输出以下两行文字。

Hello World!

中国地质大学欢迎你!

【程序运行示例】

```
Hello World!
中国地质大学欢迎你!
```

(2)编写一个 C 语言程序,在屏幕上显示以下倒三角图案。

```
* * * * *
 * * * *
  * * *
   * *
    *
```

【程序运行示例】

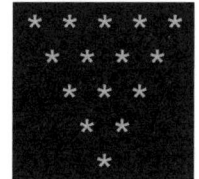

实习 2　顺序结构程序设计

 **实习目的**

(1) 掌握顺序程序设计的基本结构：了解 C 语言中顺序结构程序的基本组成，如 main 函数、变量定义、表达式运算、输入输出语句等内容，能够编写结构清晰、语法正确的顺序程序。

(2) 理解程序的运行过程：通过编写和运行顺序结构程序，观察程序从上到下逐行执行的逻辑顺序，加深对顺序结构程序执行机制的理解。

(3) 初步掌握调试与错误分析能力：在实际编程过程中，练习发现并改正程序中的语法错误和逻辑错误。

实习内容

(1) 编写一个 C 语言程序，实现以下功能：从键盘输入圆的半径(radius)和圆柱的高度(height)，计算并输出以下内容：圆的周长(Circumference)、圆的面积(Area)、圆球的表面积(Surface Area of Sphere)、圆球的体积(Sphere Volume)、圆柱的体积(Cylinder Volume)。所有计算结果保留两位小数。输入使用 scanf 实现，输出使用 printf 实现。建议使用宏定义方式声明圆周率常量：#define PI 3.14159

【程序运行示例】

```
请输入圆的半径和圆柱的高度（以空格分隔）：1.5 3
计算结果如下：
圆的周长：9.42
圆的面积：7.07
球的表面积：28.27
球的体积：14.14
圆柱的体积：21.21
```

(2) 编写一个 C 语言程序，完成字母加密功能。程序要求用户从键盘输入一个小写英文字母，将其转换为字母表中向前第 3 个字母作为加密结果(如：d→a)。若字母前移超过'a'，则按字母表循环处理(如：a→x, b→y)。使用 getchar()函数读取用户输入的单个字符；使用 putchar()函数输出加密后的字母。

【程序运行示例】

```
请输入一个小写英文字母：d
加密后的字母是：a
```

```
请输入一个小写英文字母：a
加密后的字母是：x
```

实习 3　选择结构程序设计

实习目的

(1) 掌握选择结构的基本语法：熟悉 C 语言中常用的选择结构语句，如 if 语句、if-else 语句和 switch 语句，理解其语法格式和适用场景。

(2) 理解选择结构的执行流程：通过编写包含分支结构的程序，掌握程序在不同条件下如何选择执行路径，理解条件表达式的判断逻辑和执行结果的影响。

(3) 具备分支结构程序设计能力：能够根据实际问题选择合适的条件判断结构，编写具备多种处理逻辑的程序，实现对不同输入或状态的合理响应和处理。

实习内容

(1) 已知如下分段函数：

$$y = \begin{cases} x, & x < 1 \\ 2x - 1, & 1 \leqslant x < 10 \\ 3x - 11, & x \geqslant 10 \end{cases}$$

请编写一个 C 语言程序，输入实数 x 的值，按上述函数关系输出对应的 y 值。要求使用 if-else 语句实现分支判断。

【程序运行示例】

```
请输入一个实数 x: 0.5
对应的函数值 y = 0.50

请输入一个实数 x: 8
对应的函数值 y = 15.00

请输入一个实数 x: 10
对应的函数值 y = 19.00
```

(2) 输入一个百分制成绩（0～100 之间的整数），根据分数输出对应的成绩等级：

- 90 分及以上：等级为 'A'
- 80～89 分：等级为 'B'
- 70～79 分：等级为 'C'
- 60～69 分：等级为 'D'
- 60 分以下：等级为 'E'

要求使用 switch 语句实现等级判断，并输出对应的等级字符。

【程序运行示例】

```
请输入一个整数成绩（0~100）：90
成绩等级为：A
```

```
请输入一个整数成绩（0~100）：78
成绩等级为：C
```

实习 4　　循环结构程序设计

实习目的

(1) 掌握循环结构的基本语法：熟悉 C 语言中的三种基本循环结构：while、do-while 和 for 循环，理解其语法格式、执行原理及适用场景。

(2) 理解循环控制流程：通过编写包含循环结构的程序，掌握循环的起始、判断、执行和结束过程，理解循环变量的变化对程序执行的影响。

(3) 掌握循环嵌套与控制语句的使用：学习循环嵌套结构，掌握 break、continue 等循环控制语句的用法。

实习内容

(1) 如果一个正整数恰好等于它的所有因子之和，则称该数为"完数"。例如，6 的因子为 1,2,3，而 6＝1＋2＋3，因此 6 是"完数"。编写一个 C 语言程序，找出 1000 以内的所有完数，并按如下格式输出各个完数及其所有因子：

【程序运行示例】

```
6 its factors are 1,2,3
28 its factors are 1,2,4,7,14
496 its factors are 1,2,4,8,16,31,62,124,248
```

(2) 有一个分数序列

$$\frac{2}{1},\frac{3}{2},\frac{5}{3},\frac{8}{5},\frac{13}{8},\frac{21}{13}\cdots$$

编写 C 语言程序，求出该数列前 20 项的和，并输出保留 6 位小数的结果。

【程序运行示例】

```
前20项之和为：32.660261
```

实习 5　数组程序设计

实习目的

(1) 掌握数组的基本概念和定义方法:理解一维数组和二维数组的定义方式,掌握数组的声明、初始化及其在内存中的存储方式及特点。

(2) 熟悉数组元素的访问与操作:通过编程练习,掌握利用下标访问和修改数组中元素值的方法,能够实现对数组数据的遍历、查找、统计、排序等基本操作。

(3) 理解数组与循环结构的结合使用:通过结合 for 或 while 循环实现对数组的批量处理。

(4) 初步掌握程序调试方法:通过调试工具或插入调试语句,能够定位程序中的错误,分析并解决数组操作过程中的常见问题,提升代码调试、诊断与错误分析能力。

实习内容

(1) 编写 C 语言程序,给定一个已经按升序排列的一维整数数组,要求用户输入一个新的整数,并将其按照原有的升序规律插入到数组中,使插入后的数组仍然保持有序,最后输出插入后的完整数组。

【程序运行示例】

```
请输入数组元素个数: 5
请输入 5 个升序排列的整数:
1 3 5 7 9
请输入要插入的整数: 2
插入后的数组为:
1 2 3 5 7 9
```

(2) 编写 C 语言程序,查找给定二维数组中的鞍点。鞍点指的是数组中某个元素在其所在行中最大、同时在所在列中最小的元素。程序应遍历整个数组,找出所有满足条件的鞍点并输出其位置和数值;如果不存在鞍点,则输出"无鞍点"的提示信息。数组的大小和元素由用户输入。

【程序运行示例】

```
请输入二维数组的行数和列数: 4 4
请输入数组的元素（共 4 行 4 列）
3 8 9 4
6 7 8 5
1 10 11 12
13 14 15 16
鞍点: matrix[1][2] = 8
```

(3)下列程序实现了折半查找(二分查找)算法,用于在一个有序数组中查找用户输入的目标元素,并输出其在数组中的下标。请使用调试方法找出程序中的逻辑错误,并对其进行修改与完善,使程序能够正确实现如下功能:在有序数组中查找指定元素,若找到则输出其下标;否则提示未找到该元素。

```
1. #include <stdio.h>
2. int main(){
3.     int up=10, low=1, mid, found, find;
4.     int a[10]={1, 5, 6, 9, 11, 17, 25, 34, 38, 41 };
5.     printf("请输入要查找的元素:\n");
6.     scanf("%d", &find);
7.     while(up>low ||!found){
8.         mid=(up+low) /2;
9.         if(a[mid]=find){
10.             found=1;
11.             break;
12.         }
13.         else if(a[mid]>find)
14.             up=mid;
15.         else
16.             low=mid;
17.     }
18.     if(found)
19.         printf("找到元素,其下标为:%d\n", mid);
20.     else
21.         printf("未找到该元素。\n");
22.     return 0;
23. }
```

【程序正确运行示例】

```
请输入要查找的元素: 11
找到元素,其下标为: 4
请输入要查找的元素: 8
未找到该元素。
```

实习 6　函数程序设计

 **实习目的**

（1）掌握函数的基本定义与使用方法：理解函数的定义格式、声明方式和调用规则，掌握函数的返回值定义及用法、参数传递及其在程序中的作用。

（2）理解程序的模块化结构：通过将程序划分为若干功能独立的函数，学习如何实现程序的结构化设计，提升程序的可读性、可维护性和复用性。

（3）掌握值传递与作用域概念：了解函数参数的值传递机制，掌握局部变量与全局变量的作用范围及其在函数中的使用规范。

（4）能够设计并调用用户自定义函数：通过实际编程练习，学会根据需求设计功能函数，合理调用自定义函数（或已有函数）以完成特定任务，提升解决问题的能力。

（5）理解标准库函数的调用方式：熟悉常用 C 语言标准库函数（如数学函数、字符串处理函数等）的使用。

实习内容

（1）请编写一个 C 语言程序，实现以下函数：

- 定义一个函数 int gcd(int a, int b)，用于计算并返回 2 个整数的最大公约数（Greatest Common Divisor，GCD）。
- 定义一个函数 int lcm(int a, int b)，用于计算并返回 2 个整数的最小公倍数（Least Common Multiple，LCM）。
- 主函数：从键盘输入 2 个整数；调用上述 2 个函数，分别计算其最大公约数和最小公倍数并输出计算结果。

【程序运行示例】

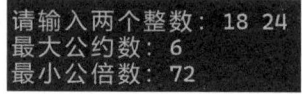

（2）勒让德多项式 $P_n(x)$ 是一类在数学物理中广泛应用的正交多项式，其满足如下递推关系式：用递归方法求 n 阶勒让德多项式。勒让德多项式的递归定义如下：

$$P_n(x) = \begin{cases} 1, & \text{if } n=0 \\ x, & \text{if } n=1 \\ \dfrac{(2n-1)xP_{n-1}(x)-(n-1)P_{n-2}(x)}{n}, & \text{if } n>1 \end{cases}$$

请编写一个递归函数,接收正整数 n 和实数 x 作为输入,返回相应的勒让德多项式值。要求在主函数中调用该递归函数并输出结果。

【程序运行示例】

```
请输入勒让德多项式的阶数 n: 3
请输入自变量 x 的值: 0.5
P_3(0.50) = -0.437500
```

(3)编写程序,实现以下功能:根据用户输入的年、月、日,计算该日期是该年份中的第几天。程序需正确处理闰年、非闰年及非法输入情况。

【程序运行示例】

```
请输入年月日(格式: YYYY MM DD): 2024 3 1
该日期是 2024 年的第 61 天。
请输入年月日(格式: YYYY MM DD): 2025 9 1
该日期是 2025 年的第 244 天。
请输入年月日(格式: YYYY MM DD): 2000 13 7
输入的日期不合法。
```

实习 7　指针程序设计

实习目的

(1) 掌握指针的基本概念和用法：理解指针的定义、声明与初始化方式，掌握指针变量的含义及其在内存中的地址表示。

(2) 熟悉指针与变量、数组之间的关系：通过编程练习，掌握指针与普通变量、一维数组、字符串之间的关系与操作方式，理解数组名与指针的本质联系。

(3) 理解指针运算及其应用：掌握指针的基本运算（如加减、间接访问等），能够通过指针访问和操作数据，提高程序的灵活性和效率。

(4) 掌握指针与函数的结合使用：理解如何通过指针实现函数间的参数传递，尤其是使用指针实现"传地址调用"，能够编写修改主调函数变量值的函数。

(5) 了解指针数组与数组指针的概念：区分并理解指针数组与数组指针的含义，能够在实际编程中正确使用。

实习内容

(1) 约瑟夫环问题：设有 n 个人围成一个圈，编号从 1 到 n。从第 1 个人开始按顺时针方向依次报数，每轮报数报到第 m 个人时，该人被淘汰出圈，下一轮从其下一个人重新开始报数（重新从 1 开始计数）。如此反复进行，直到圈中只剩下最后一个人。例如，n＝8，m＝3，执行过程如下图所示。

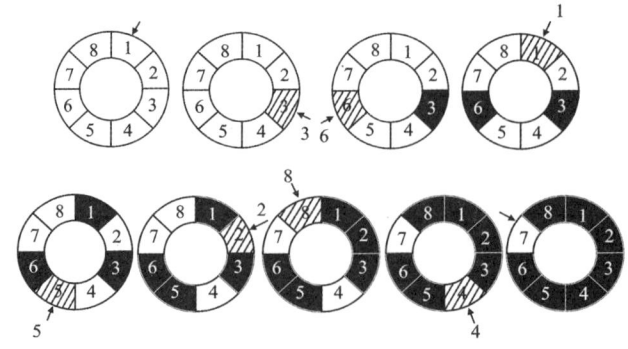

请编写程序，输入整数 n 和 m（其中 n＞0，m＞0），输出这 n 个人依次被淘汰的编号顺序。

【程序运行示例】

```
请输入总人数n和报数间隔m（以空格分隔）：8 3
出圈顺序为：3 6 1 5 2 8 4 7
```

(2) 编写一个函数，实现两个字符串的比较功能，即自定义一个与标准库函数 strcmp 功能类似的函数。函数原型如下：

int myStrcmp(char* str1, char* str2);

函数说明如下：

- 参数：str1 为第一个字符串、str2 为第二个字符串；
- 如果 str1 等于 str2，则返回 0；
- 如果 str1 大于 str2，则返回一个正数；
- 如果 str1 小于 str2，则返回一个负数。

字符串的比较规则为：从字符串的第一个字符开始，依次比较每个字符的 ASCII 码值，直至遇到不同字符或字符串结束。

【程序运行示例】

```
请输入第1个字符串：Bad
请输入第2个字符串：Boy
第1个字符串小于第2个字符串。
```

```
请输入第1个字符串：apple
请输入第2个字符串：pear
第1个字符串小于第2个字符串。
```

(3) 给定一个二维数组 score[3][4]，表示 3 位学生 4 门课程的成绩。以下程序中 search 函数的功能为：查找任意一门课程成绩低于 60 分的学生，并输出该学生的编号及其 4 门课程的全部成绩。请使用调试方法找出并改正下列程序中的错误并改正，使其能正确输出如下结果：

```
No.1 fails, his scores are:
65.0 57.0 70.0 60.0
No.2 fails, his scores are:
58.0 87.0 90.0 81.0
```

```c
#include <stdio.h>
void search(float(*p) [4], int n);

int main() {
    float score[3][4] = { {65,57,70,60},{58,87,90,81},{90,99,100,98} };
    search(score, 3);
    return 0;
}
void search(float(*p)[4], int n) {
    int i, j, flag = 0;
```

```
            for ( i = 0; i<n; i++)    {
                for ( j = 0; j<4; j++)
                    if (* (* (p + i) + j) < 60)
                        flag = 1;
                if (flag) {
                    printf("No. %d fails, his scores are:\n", i + 1);
                    for ( i = 0; i < 4; i++)
                        printf("%6.1f", *(* (p + i) + j));
                    printf("\n");
                }
            }
        }
```

实习 8　结构体及文件程序设计

实习目的

(1) 掌握结构体的定义与使用方法：理解结构体的基本概念、定义格式以及结构体变量的声明和初始化，能够根据实际需求设计并使用结构体来表示复杂数据类型。

(2) 熟悉结构体数组与嵌套结构体的使用：掌握结构体数组、结构体指针以及结构体中嵌套其他结构体的使用方式，提高组织和管理多类信息的能力。

(3) 理解结构体与函数、指针的结合使用：通过练习，掌握如何将结构体作为函数参数进行传递，以及结构体指针的使用，提升程序的模块化和灵活性。

(4) 掌握文件的基本操作方法：理解文件的概念，掌握 C 语言中文件的打开(fopen)、读取(fscanf/fgets)、写入(fprintf/fputs)、关闭(fclose)等基本操作。

(5) 实现数据的持久化存储：通过编写程序实现将结构化数据写入文件，并从文件中读取数据，实现数据的存储与再利用，理解文件在程序开发中的重要作用。

(6) 增强综合编程与调试能力：通过结构体与文件结合的综合应用训练，提升对实际问题的建模与程序实现能力，同时加强程序调试和错误处理能力。

实习内容

(1) 设计一个简单的学生成绩管理程序，处理 3 名学生的成绩信息。每个学生包含以下信息：

- 学号(num,字符串或整数)
- 姓名(name,字符串)
- 三门课程的成绩(score[3],浮点数)

请完成以下函数，并在主函数中调用各个函数：

①input()函数：从键盘输入 3 名学生的完整信息(学号、姓名、3 门成绩)，并将输入的数据存入结构体数组中。

②print()函数：接收结构体数组参数，并按格式输出每名学生的所有信息(包括学号、姓名、各门成绩)。

③sort()函数：根据每位学生的 3 门课程平均成绩，对学生信息按成绩从高到低排序。

④saveToFile()函数：将包含学号、姓名、3 门成绩和平均成绩的记录写入磁盘文件"stud.txt"。

⑤sortFromFile()函数：从"stud.txt"文件中读取学生信息，按平均成绩从高到低排序，并将排序后的结果保存到新文件"stu_sort.txt"中。

其主函数如下：

```c
#define STUDENT_NUM 3
#define COURSE_NUM 3
int main(){
    Student students[STUDENT_NUM];

    //输入并打印学生信息
    input(students);
    print(students);

    //排序后打印
    sort(students);
    printf("\n按平均成绩排序后:\n");
    print(students);

    //保存原始数据到文件
    saveToFile(students);

    //从文件中读取、排序并保存到新文件
    sortFromFile();

    return 0;
}
```

【程序运行示例】

```
请输入第 1 个学生的学号 姓名 三门成绩:
1 李明 78.5 88 92
请输入第 2 个学生的学号 姓名 三门成绩:
2 张静 92.5 90.5 86
请输入第 3 个学生的学号 姓名 三门成绩:
3 王一帆 76 85 72

学号    姓名      成绩1     成绩2     成绩3     平均分
1       李明      78.50     88.00     92.00     86.17
2       张静      92.50     90.50     86.00     89.67
3       王一帆    76.00     85.00     72.00     77.67

按平均成绩排序后:

学号    姓名      成绩1     成绩2     成绩3     平均分
2       张静      92.50     90.50     86.00     89.67
1       李明      78.50     88.00     92.00     86.17
3       王一帆    76.00     85.00     72.00     77.67
数据已保存至文件 stud.txt
已按平均成绩排序并保存至文件 stu_sort.txt
```

参考文献

谭浩强,2021.C 程序设计[M].5 版.北京:清华大学出版社.
PRATA S,2013.C Primer plus[M].6th ed.北京:人民邮电出版社.
颜晖,张泳,2019.C 语言程序设计实验与习题指导[M].北京:高等教育出版社.
林锐,2020.C 语言编程规范[M].2 版.北京:清华大学出版社.
GOOGLE. Google C++ style guide[EB/OL].(2023-12-01)[2024-07-20]. https://google.github.io/styleguide/cppguide.html.
OPENHARMONY.C 语言编程规范[EB/OL].(2023-05-30)[2024-07-20]. https://gitee.com/openharmony/docs/blob/master/zh-cn/contribute/OpenHarmony-c-coding-style-guide.md.

附录 1　Visual Studio 2022 安装及使用

1.1　下载地址

(1)请访问 Visual Studio 官方网站(https://visualstudio.microsoft.com/zh-hans/),其页面如图 1-1 所示。

图 1-1　Visual Studio 2022 下载页面

(2) Visual Studio 2022 提供 3 个版本:社区版(Community)、专业版(Professional)和企业版(Enterprise)。其中,社区版为免费版本,功能完整,适用于个人开发者、学生和开源项目,建议读者优先选择并下载安装社区版。

1.2 开始安装

选择下载社区版后,系统将自动弹出如图 1-2 所示的对话框,用于设置下载文件的保存路径。用户可根据需要自行指定存储位置。

图 1-2 选择保存下载安装文件的文件夹位置

下载完成后,双击安装文件以启动安装程序,如图 1-3 所示。

图 1-3 启动安装程序

请耐心等待安装准备过程,所需时间取决于具体的计算机环境和系统性能。

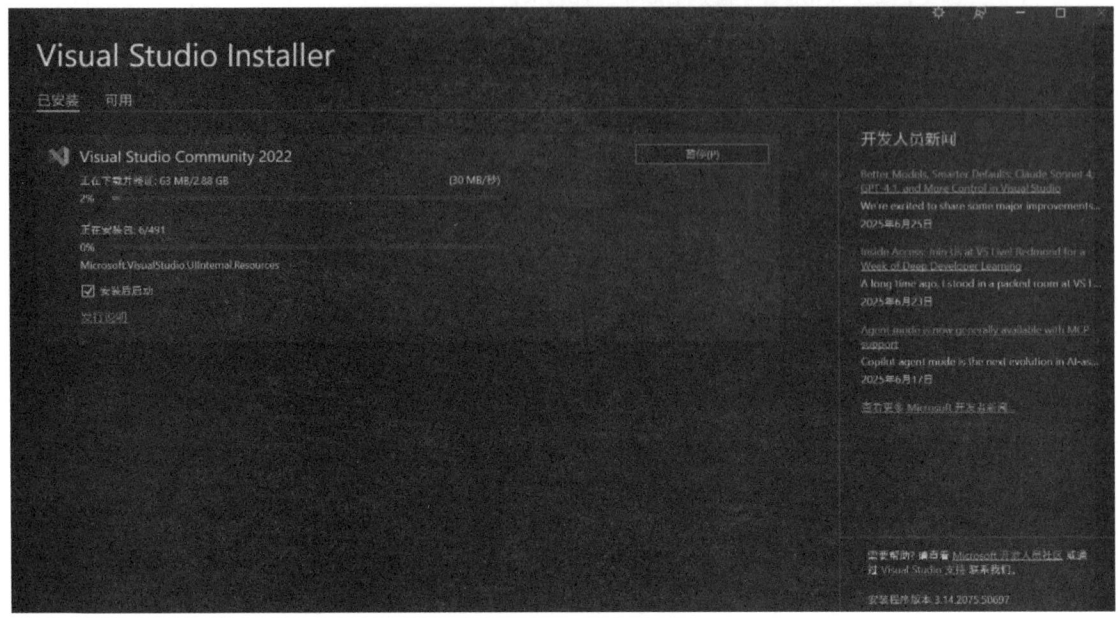

图 1-4　安装进度提示界面

安装完成后，系统将自动弹出如图 1-5 所示窗口。用户需根据使用 Visual Studio 2022 的具体开发需求，选择相应的功能集与工作负载，并指定安装路径（建议采用默认路径）。窗口上方还提供"单个组件""语言包""安装位置"等选项，均可保留默认设置。随后，选择"安装"按钮，系统将开始执行安装操作，其进度如图 1-6 所示。

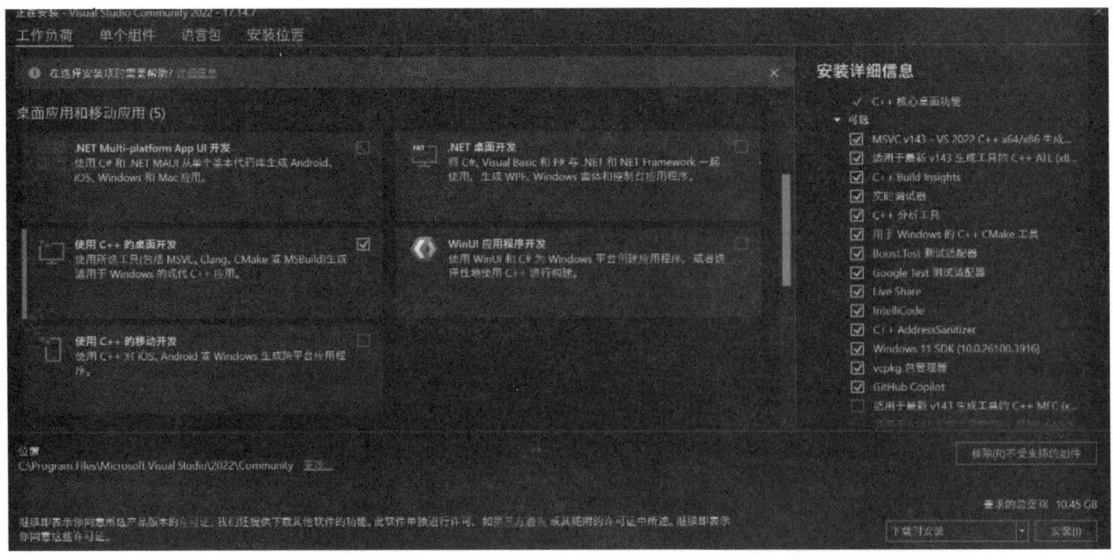

图 1-5　安装选项设置界面

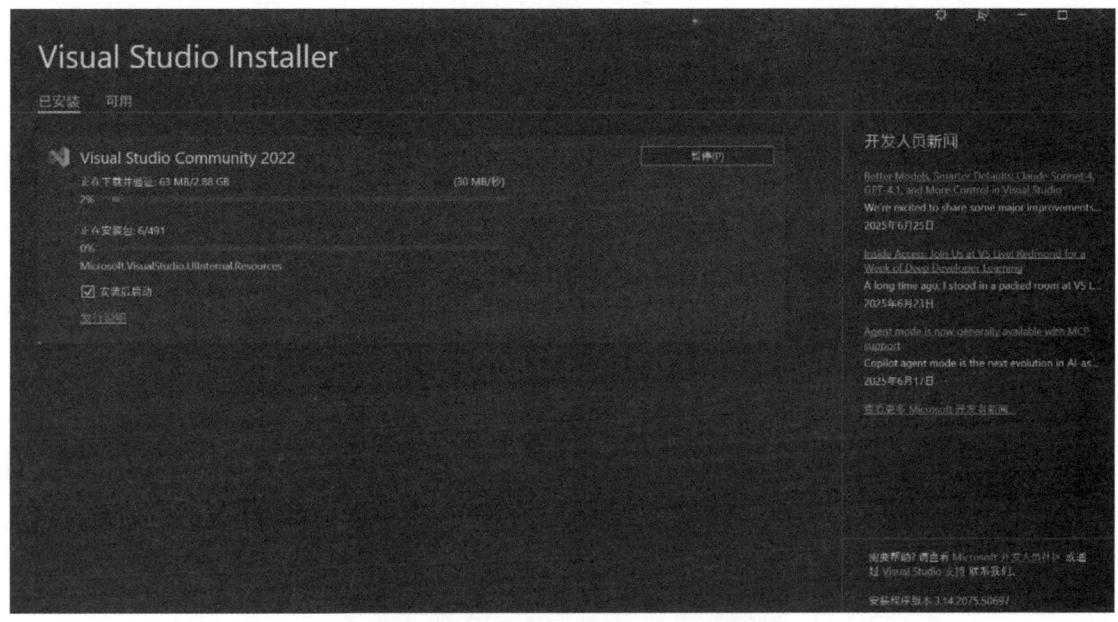

图 1-6　安装进度

待 Visual Studio 2022 安装完毕后，重启计算机，如图 1-7 所示。

图 1-7　安装完毕提示

1.3 打开 Visual Studio 2022

系统重新启动后,在桌面上点击鼠标右键,菜单中将新增"使用 Visual Studio 打开"选项。选择此选项即可启动 Visual Studio 2022(如图 1-8 所示)。

图 1-8 打开 Visual Studio 运行

此外,用户可在搜索栏中键入"Visual Studio 2022"的前几个字母,系统将显示已安装的 Visual Studio 2022 应用程序。选择该应用程序即可启动(如图 1-9 所示)。

图 1-9 在 Windows 开始菜单中搜索"Visual Studio 2022"运行

为便于后续访问,可右键单击"Visual Studio 2022"选项,选择"打开文件所在位置",并在目标位置创建桌面快捷方式。此时,桌面将显示"Visual Studio 2022"快捷方式图标。用户可通过双击该图标启动应用程序(如图 1-10 所示)。

图 1-10　Visual Studio 2022 图标

1.4　使用 Visual Studio 编写 C 程序

1.4.1　准备工作

启动 Visual Studio 2022 后,系统将提示用户进行登录(如图 1-11 所示)。

图 1-11　Visual Studio 2022 登录界面

接着,选择个人喜欢的颜色主题(图 1-12)。

图1-12　颜色主题选择

随后,Visual Studio 2022将执行初始化操作,该过程将在界面显示进度(如图1-13所示)。

图1-13　Visual Studio 2022第一次使用等待页面

1.4.2　创建一个新的项目

准备工作结束后,选择创建新项目,如图1-14。

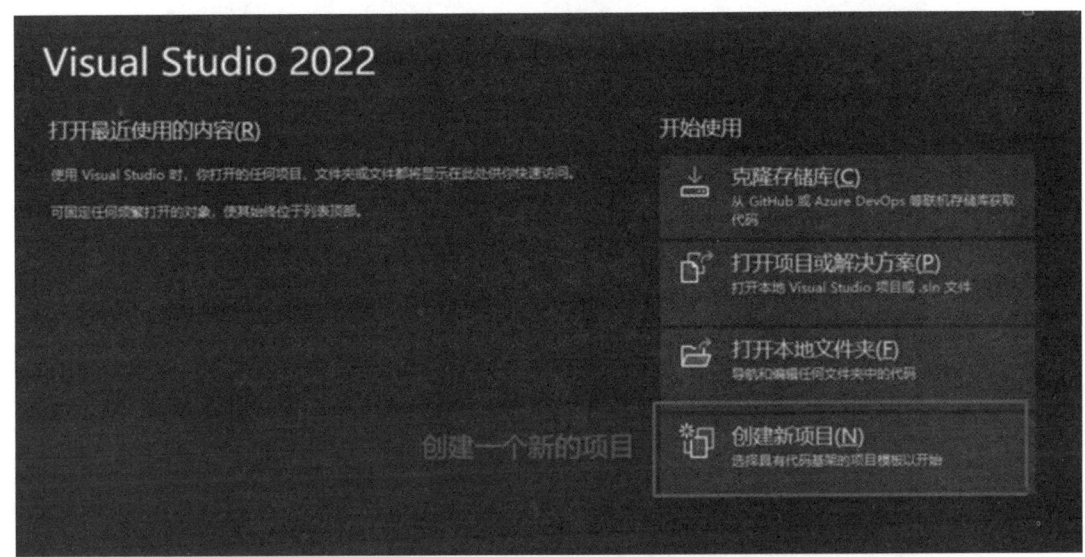

图 1-14　选择创建新项目

选择控制台应用程序类型创建项目工程,如图 1-15 所示。

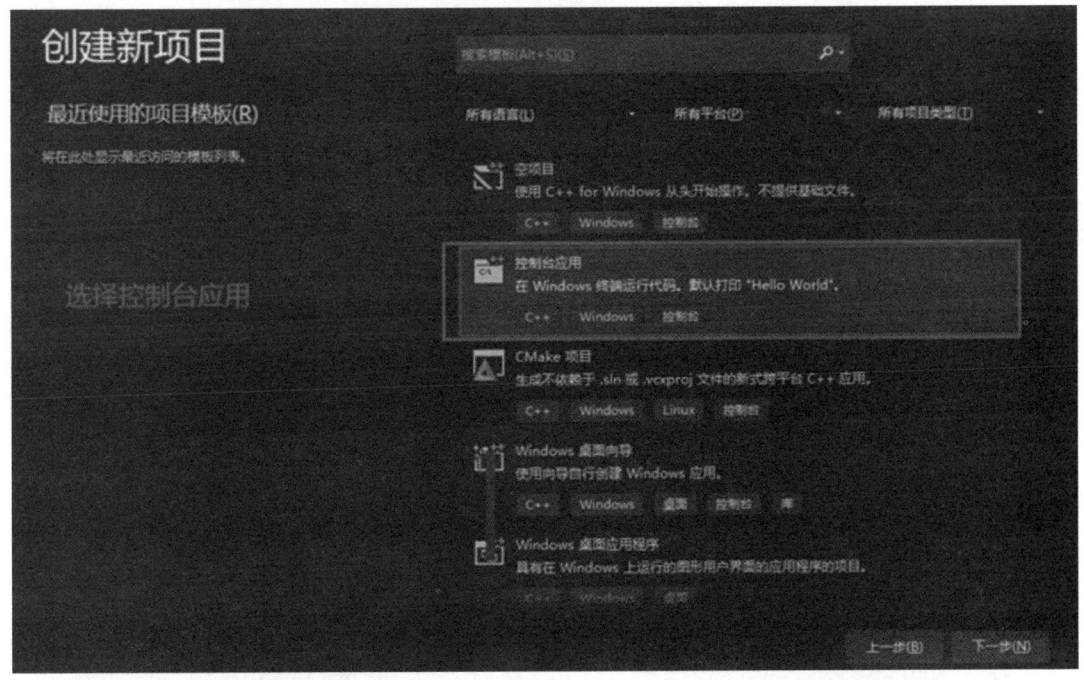

图 1-15　创建项目工程

随后设置项目名称与保存路径,确认无误后点击创建以生成项目(图 1-16)。
项目创建完成后系统默认生成一个源文件。

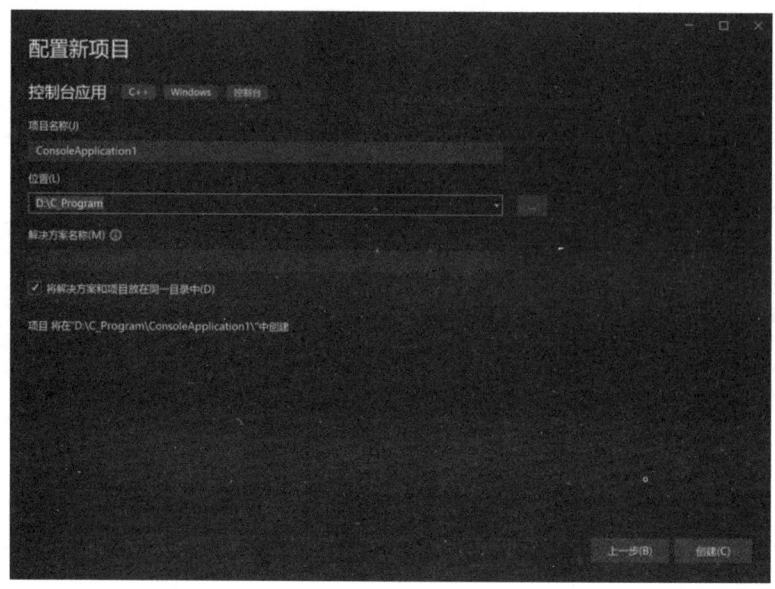

图 1-16　配置新项目

1.4.3　创建 C 文件

在 Visual Studio 2022 中，默认创建的新项目均为 C++项目。若需编写 C 语言代码，可通过重命名将源文件的扩展名修改为.c，如图 1-17 和图 1-18 所示。

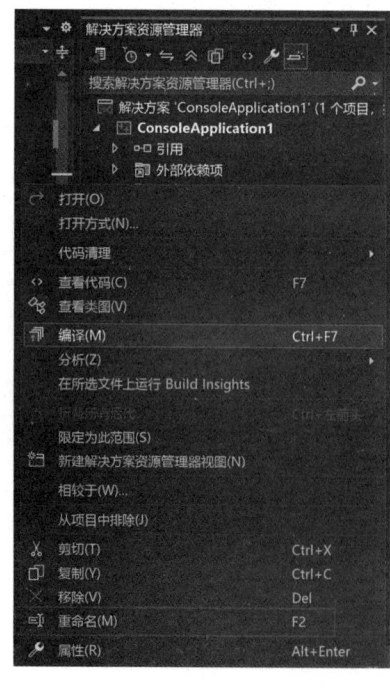

图 1-17　源文件重命名

图 1-18　重命名为 C 语言后缀

在该文件中编写如下 C 语言代码,并运行(图 1-19)。

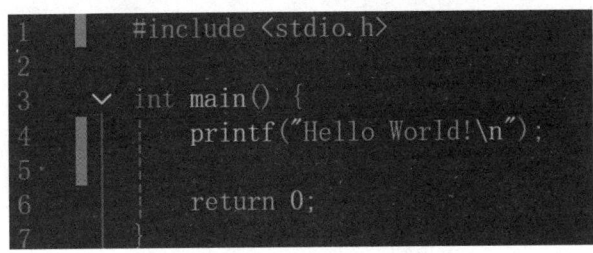

图 1-19　编辑 C 语言代码

点击"本地 Windows 调试器"(或按 Ctrl ＋ F5)运行程序。运行结果如图 1-20 所示。

图 1-20　运行结果界面

注意,为避免在 Visual Studio 2022 环境下使用 scanf 等传统标准输入函数时触发编译器的安全性警告(图 1-21),可在程序源文件中所有头文件之前添加如下宏定义:

#define _CRT_SECURE_NO_WARNINGS

修改后的运行结果如图 1-22 所示。

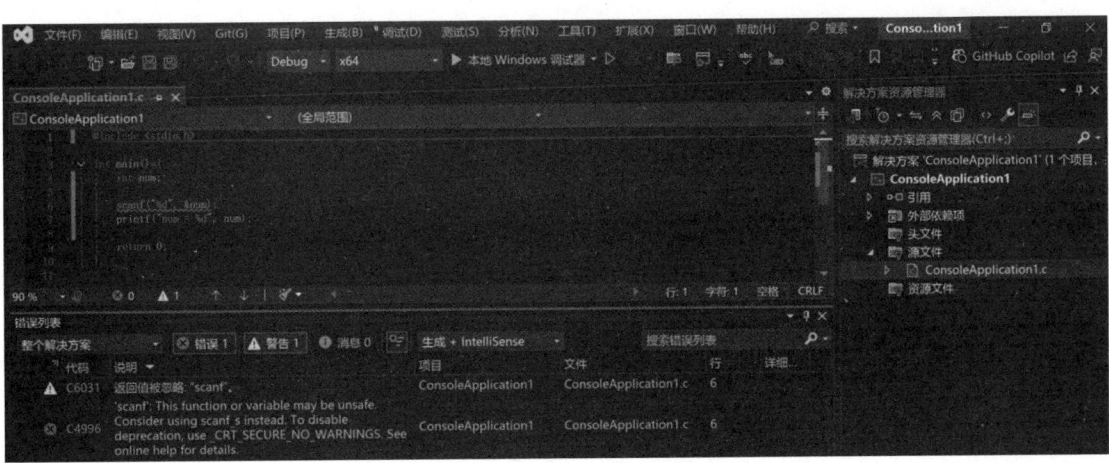

图 1-21　编译出错界面

图1-22 运行结果界面

附录 2　Visual Studio 2022 程序调试

2.1　程序调试概述

Bug(程序错误)是计算机程序或系统中存在的缺陷、故障或异常行为,导致程序无法按预期执行或产生错误结果。程序调试(Debugging)是指使用内置的调试工具来逐步执行代码、检查变量、分析程序状态,以发现并修复错误(Bug)的过程。

2.2　程序调试的基本步骤

程序调试通常包括以下 5 个基本步骤:

(1)确认程序存在错误。通过运行结果或测试反馈判断程序行为是否异常,如输出错误、程序崩溃、逻辑不符等。

(2)定位错误位置。使用调试工具(如断点、单步执行、日志输出等)查找出错的具体代码位置。

(3)分析错误原因。根据上下文分析导致错误的根本原因,常见问题包括变量未初始化、数组越界、空指针引用、逻辑判断错误等。

(4)制定解决方案。根据分析结果,确定修复方法,如修改算法逻辑、调整语法结构、补充边界条件处理等。

(5)修改并重新测试。对程序进行相应修改后,重新编译并测试,验证问题是否已解决,同时确认是否引入了新的错误。

2.3　Release 和 Debug 模式

在集成开发环境(如 Visual Studio 2022)中,常见的编译模式包括 Debug(调试版)和 Release(发布版)。其中,Debug 模式用于程序开发与调试阶段,编译结果保留了完整的调试信息,便于开发者设置断点、单步执行、查看变量等调试操作。此外,Debug 模式通常不进行代码优化,以便更准确地还原程序的执行过程。Release 模式用于最终发布和部署阶段。该模式下,编译器会对程序进行优化,以提高运行效率并减小可执行文件的体积。同时,调试信息被移除,以保护源代码细节并减少系统开销,适合提供给最终用户使用。

鉴于 Debug 模式支持调试功能,因此,在使用 Visual Studio 2022 时,请确保开发环境已配置为 Debug 模式。

图 2-1　Debug 模式设置

2.4　Visual Studio 2022 中的调试快捷键及功能

(1) 启动/停止调试(表 2-1)。

表 2-1　启动/停止调试的快捷键及功能

快捷键	功能描述
F5	启动调试(运行程序并附加调试器,遇到断点暂停)
Ctrl+F5	运行不调试(直接启动程序,不加载调试器,速度更快)
Shift+F5	停止调试(终止当前调试会话)
Alt+F5	开始性能诊断(分析 CPU、内存等性能问题)

(2) 断点管理(表 2-2)。

表 2-2　断点管理的快捷键及功能

快捷键	功能描述
F9	切换断点(在当前行设置/取消断点)
Ctrl+F9	启用/禁用断点(断点位置,但暂时不触发)
Ctrl+Shift+F9	删除所有断点
Alt+F9	打开断点窗口(查看和管理所有断点)

(3) 单步执行(表 2-3)。

表 2-3　单步执行的快捷键及功能

快捷键	功能描述
F10	逐过程(Step Over):执行当前行,不进入函数内部
F11	逐语句(Step Into):进入函数内部调试(如有源码)
Shift+F11	跳出(Step Out):执行完当前函数,返回到调用处
Ctrl+F10	运行到光标处(从当前位置执行到光标所在行)

(4) 数据检查(表 2-4)。

表 2-4 数据检查的快捷键及功能

快捷键	功能描述
悬停鼠标	在变量上悬停,直接查看当前值(最常用)
Shift+F9	快速监视(添加变量或表达式到监视窗口)
Ctrl+Alt+W,1	打开"监视1"窗口(查看和监控表达式值)
Ctrl+Alt+Q	打开即时窗口(动态执行代码或查询变量,如? x)

(5) 调用堆栈与线程(表 2-5)。

表 2-5 调用堆栈与线程的快捷键及功能

快捷键	功能描述
Ctrl+Alt+C	打开调用堆栈窗口(查看函数调用链)
Ctrl+Alt+H	打开线程窗口(调试多线程程序时查看线程状态)
Ctrl+Shift+F10	切换到当前执行线程(多线程调试时快速定位)

(6) 异常与诊断(表 2-6)。

表 2-6 异常与诊断的快捷键及功能

快捷键	功能描述
Ctrl+Alt+E	异常设置窗口(选择调试器捕获的异常类型)
Alt+F2	启动性能探查器(分析 CPU、内存使用情况)

(7) 其他实用快捷键表(表 2-7)。

表 2-7 其他实用快捷键表

快捷键	功能描述
Ctrl+Shift+F5	重启调试(重新启动程序并附加调试器)
F12	转到定义(快速跳转到变量/函数的定义处)
Ctrl+-	后退(返回上一个代码浏览位置)
Ctrl+Shift+-	前进(回到后退前的代码位置)

2.5 监视和内存观察

(1)监视变量。

在使用调试功能时,Visual Studio 2022 通过设置监视窗口实时查看变量的值与状态。按下 F10 进行逐过程(Step Over)调试,或按下 F11 进行逐语句(Step Into)调试后,依次点击菜单栏"调试"→"窗口"→"监视",打开任意一个监视窗口。在输入框中填写待观察的变量名或表达式,即可在程序运行过程中动态查看其变化情况,菜单操作及示例如图 2-2 和图 2-3 所示。

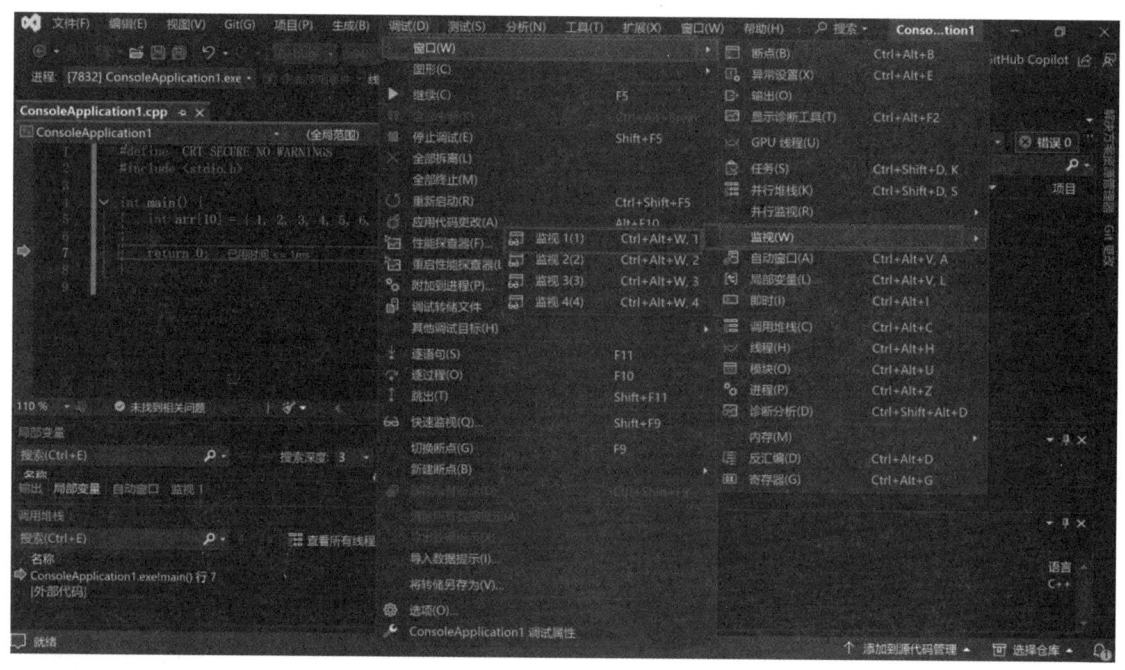

图 2-2 监视变量菜单操作

(2)内存观察。

当监视窗口无法满足更底层的调试需求时,Visual Studio 2022 可以通过内存窗口直接查看变量在内存中的存储情况。在调试过程中,依次点击菜单栏"调试"→"窗口"→"内存",选择任意一个内存窗口,即可输入变量地址或名称,查看其在内存中的实际表示方式。这对于分析指针、结构体、数组以及调试复杂内存操作非常有帮助。菜单操作及示例如图 2-4 和图 2-5 所示。

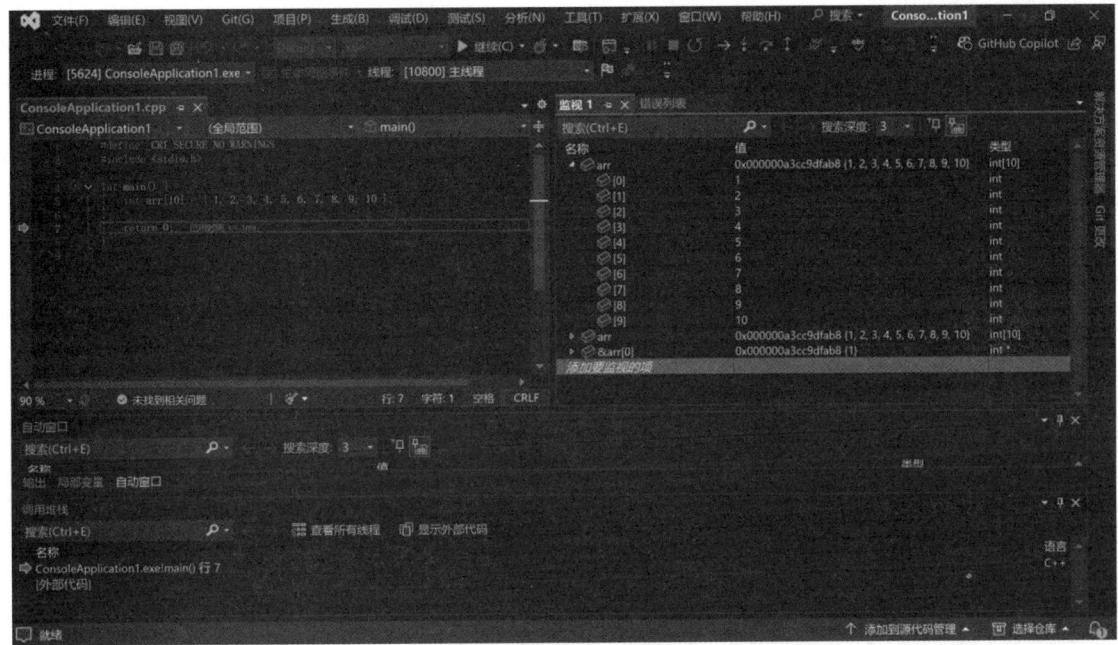

图 2-3 监视变量示例

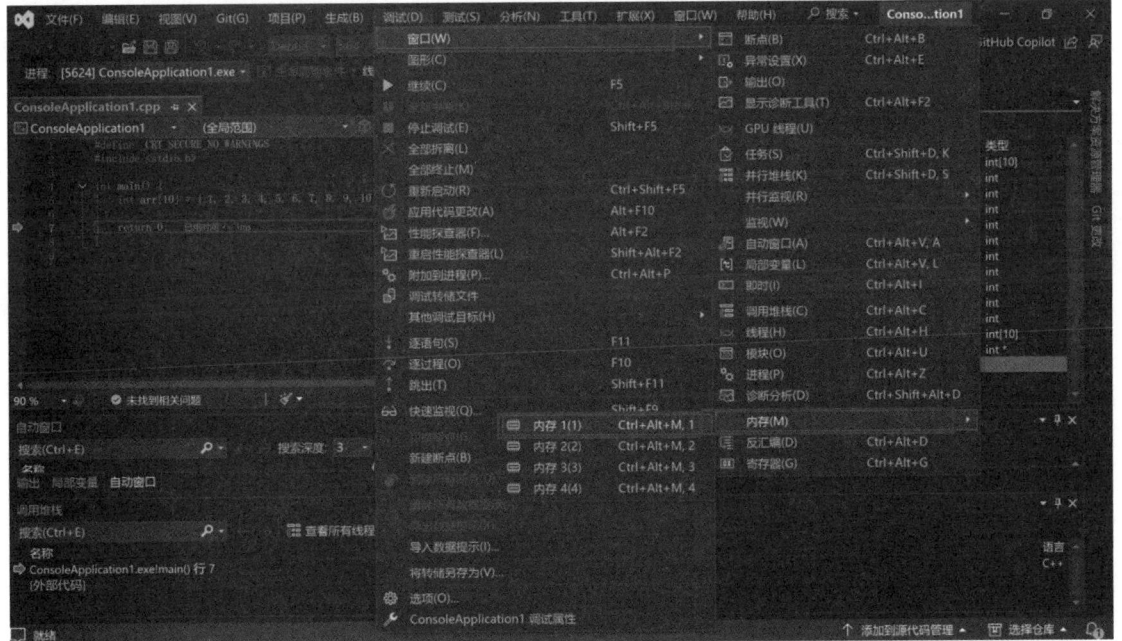

图 2-4 内存观察菜单操作

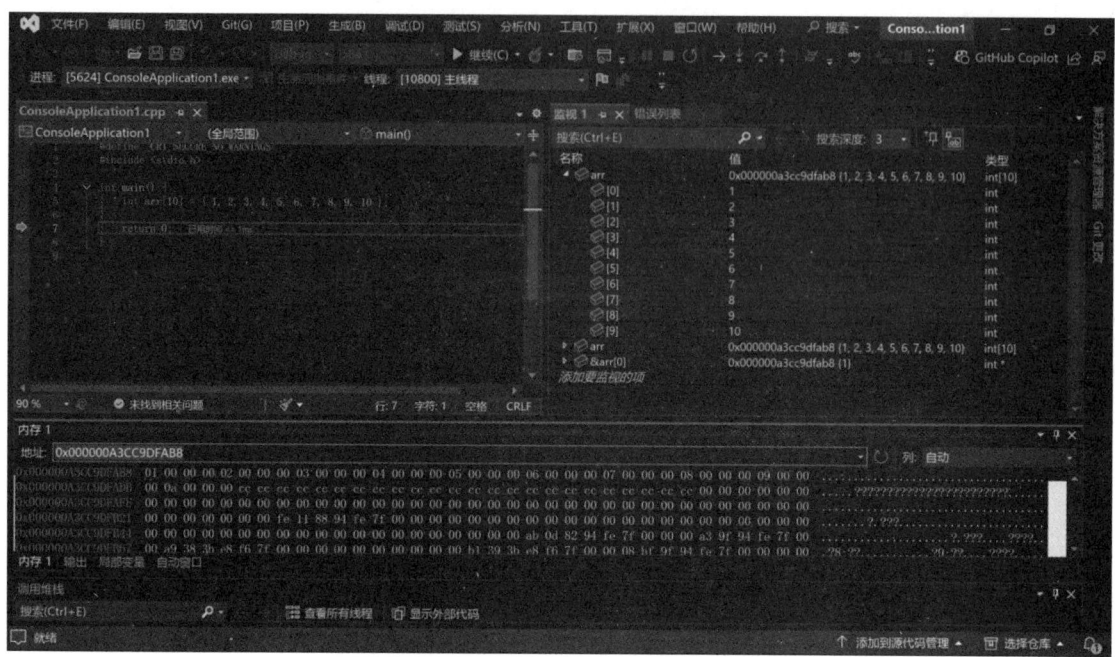

图 2-5　内存观察示例

2.6　C语言常见错误类型

在 C 语言的编译与执行过程中，常见错误大致可分为 4 类：语法错误、语义错误、链接错误和运行时错误。

（1）语法错误（Syntax Errors）。

程序中违反 C 语言语法规则的代码，通常在编译阶段由编译器在词法分析或语法分析过程中检测出。语法错误常见类型及示例如表 2-8 所示。

表 2-8　常见语法错误类型及示例

错误类型	示例代码	修正方法
缺少分号；	int x = 12	补全分号：int x = 12;
中文括号错误	if(x == 1){ ... }	修正为英文括号：if (x == 1) { ... }
关键字拼写错误	itn x = 12;	修正为 int x = 12;
字符串引号不闭合	char *s = "hello;	补全引号：char *s = "hello";
注释未闭合	/* 这是一个未闭合的注释	补全 */

（2）语义错误（Semantic Errors）。

代码语法正确，但逻辑不符合语言规范（如类型不匹配、未声明的变量等）。语义错误常见类型及示例如表 2-9 所示。

表 2-9　语义错误常见类型及示例

错误类型	示例代码	修正方法
未声明的变量	x = 10;	声明变量:int x = 10;
类型不匹配	int x = "hello";	修正类型:char *x = "hello";
重复定义变量	int x; int x;	删除重复定义
函数未声明	printf("hello");(未包含 stdio.h)	添加头文件:#include <stdio.h>

(3)链接错误(Linker Errors)。

发生在编译完成后的链接阶段,通常是由于函数或变量已声明但未定义,或在多个文件中重复定义所引起的。链接错误常见类型及示例如表 2-10 所示。

表 2-10　链接错误常见类型及示例

错误类型	示例代码	修正方法
未定义的函数	调用 foo()函数但未实现	实现函数或链接库
重复定义的符号	多个文件定义同名全局变量 int x;	使用 extern 或 static
函数声明与定义不一致	头文件声明 void foo();,实现在另一个文件中却是 int foo()	保持声明和定义一致

(4)运行时错误(Runtime Errors)。

程序在编译阶段未发现错误,但在执行过程中出现异常或崩溃。此类错误通常由逻辑缺陷、非法操作或资源管理不当引起。运行时错误常见类型及示例如表 2-11 所示。

表 2-11　运行时错误常见类型及示例

错误类型	示例代码	修正方法
除零错误	int x = 10 / 0;	检查除数是否为 0
空指针解引用	int *p = NULL; *p = 10;	初始化指针或判空
数组越界访问	int arr[3]; arr[5] = 10;	检查数组索引范围
内存泄漏	malloc() 后未 free()	确保动态内存释放
栈溢出	无限递归或局部变量定义过大	优化递归或使用堆内存

附录3　C语言编码规范

统一的编码规范是保障软件质量与项目成功的关键组成部分。编码规范是在软件开发过程中指导开发者编写代码的一套统一规则与约定,使得代码具有良好的可读性、可维护性和一致性。随着软件项目规模的不断扩大,良好的编码规范能有效降低团队沟通成本,提高开发效率,并降低软件维护的复杂性。本附录将列举C语言编程中的主要规范要点,包括文件结构、程序版式及命名规则等。

3.1　文件结构

通常,每个C程序主要由两类文件组成:用于声明函数、变量、常量等的头文件和用于实现具体函数和程序逻辑的源文件。头文件通常以.h为后缀,而源文件通常以.c为后缀。对于小型的C程序,也可以只有一个.c文件,即将声明和定义都写在该.c文件中,而没有定义头文件(.h文件)。

3.1.1　版权和版本的说明

版权和版本的说明位于头文件和源文件的开头(参见示例3-1),主要内容有以下几种。

(1)版权信息:声明版权归属,通常包括版权年份和所有者。

(2)文件名称及摘要:包括文件名、文件标识符,以及对文件功能或作用的简要描述。

(3)当前版本号,作者/修改者,完成日期:记录文件的当前版本、创建者或修改者的署名,以及文件完成或修改的日期。

(4)版本历史信息:记录文件的版本变更历史,包括每个版本的更新内容和修改日期。

示例3-1　版权和版本的声明

```
/*
* Copyright (c) 2025,Wuhan xxxxxx Co.,Ltd
* All rights reserved.
*
* Filename: filename.h
* Description: 简要描述本文件的内容
*
* Version: 1.1
* Author: 作者(或修改者)名字
* Date: 2025.07.01
*
* Version: 1.0
* Author: 原作者(或修改者)名字
* Date: 2025.05.01
*/
```

3.1.2 头文件的结构

头文件由 3 部分内容组成：

(1)头文件开头处的版权和版本声明：位于头文件开头，包含版权信息、文件标识、版本历史等。

(2)预处理块：用于防止头文件被重复引用。

(3)函数和结构体声明等：声明函数、变量和结构体等。

假设头文件名称为 graphics.h，头文件的结构参见示例 3-2。

【规则 1-2-1】为了防止头文件被重复引用，应使用 #ifndef/#define/#endif 结构创建预处理块。

【规则 1-2-2】使用 #include<filename.h>格式来引用标准库的头文件(编译器将从标准库目录开始搜索)。

【规则 1-2-3】使用 #include"filename.h"格式来引用非标准库的头文件(编译器将从当前工作目录开始搜索)。

【建议 1-2-1】头文件应仅包含函数、结构体和变量等的声明，而不包含定义。

【建议 1-2-2】不提倡使用全局变量，尽量不要在头文件中出现类似 extern int value 的全局变量声明。

示例 3-2   C 头文件的结构

```
#ifndef _GRAPHICS_H        // 防止graphics.h被重复引用
#define _GRAPHICS_H
#include <math.h>          // 引用标准库的头文件
#include "myheader.h"      // 引用非标准库的头文件

// 全局函数声明
void function1(void);

// 结构体声明
typedef struct {
    int width;
    int height;
} Box;
#endif  // _GRAPHICS_H
```

3.1.3 源文件的结构

源文件有 3 部分内容：

(1)版权和版本声明：包括版权信息、文件标识、版本历史等。其结构和内容可参考示例 3-1。

(2)对相关头文件的引用：引入所需要的头文件，一般使用 #include 指令。

(3)程序的实现体:包括具体的数据结构定义、全局函数和其他程序逻辑的实现。

假设源文件的名称为 graphics.c,其结构参见示例 3-3。

示例 3-3　C 源文件的结构

```
// 版权和版本声明见示例 3-1,此处省略。
#include "graphics.h"    // 引用头文件

// 全局函数的实现体
void function1(void)
{
    // 函数实现代码
}

// 定义一个结构体相关的函数
void Draw(Box* b)
{
    // 绘制实现代码
    printf("Drawing a box of width %d and height %d\n", b->width, b->height);
}
```

3.1.4　头文件的作用

(1)通过头文件可以实现对库功能函数的调用。在许多情况下,源代码由于安全性或版权等原因不便或不能公开,此时只需提供头文件和对应的二进制库文件供用户调用。用户根据头文件中的接口声明即可调用相应功能函数,而无需了解其实现细节。编译器会在链接阶段从库中提取相应的目标代码,实现功能调用。

(2)头文件还能作为接口规范,帮助编译器在编译阶段进行类型检查。当函数的使用方式与头文件中的声明不一致时,编译器会发出错误或警告,在早期发现潜在问题。

3.1.5　目录结构

当软件项目中的头文件数量较多时,建议将头文件与源文件分别存放在不同的目录中。例如,可以将头文件统一存放在 include 目录中,将源代码文件放置在 source 目录中,并根据项目需要进一步细分为多级子目录。对于某些私有头文件,如果它们不会被用户程序直接引用,则无须将其对外公开。

3.2　程序版式

程序版式虽然不会影响程序的功能,但会影响可读性。程序的版式追求清晰、美观,是程序风格的重要构成因素。

3.2.1　空行

空行起着分隔程序段落的作用。空行得体(不过多也不宜过少)将使程序的布局更加清晰。

【规则 2-1-1】在每个函数定义结束之后加空行,参见示例 3-4。

示例 3-4　函数之间的空行

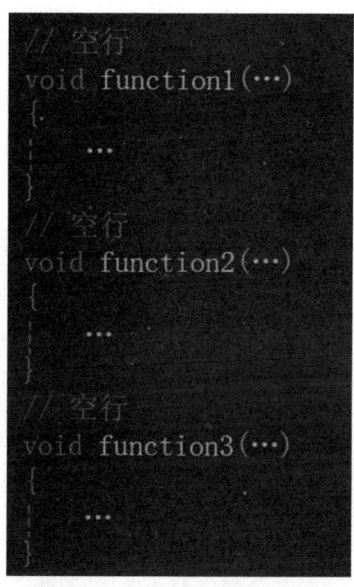

【规则 2-1-2】在一个函数体内,逻辑上密切相关的语句之间不加空行,而不同逻辑模块之间应使用空行进行分隔,参见示例 3-5。

示例 3-5　函数内的空行

3.2.2 代码行

【规则2-2-1】一行代码应尽量只完成一项操作,例如仅定义一个变量或仅编写一条语句。

【规则2-2-2】if、for、while、do等控制语句应单独占一行,其对应的执行语句不紧随其后书写在同一行。无论执行语句有多少,使用大括号{}显式标明代码块范围。参见示例3-6。

示例3-6 风格良好的代码行

```
int width;      // 宽度
int height;     // 高度
int depth;      // 深度

x = a + b;
y = c + d;
z = e + f;

if (width < height)
{
    dosomething();
}
```

3.2.3 空格与缩进

【规则2-3-1】关键字之后要留空格。像const、case等关键字之后至少要留一个空格,否则无法辨析关键字。像if、for、while等关键字之后应留一个空格再跟左括号(,以突出关键字。

【规则2-3-2】函数名之后不要留空格,紧跟左括号'('。

【规则2-3-3】'('向后紧跟,')'、','、';'向前紧跟,紧跟处不留空格。

【规则2-3-4】','之后要留空格,如Function(x, y, z)。如果';'不是一行的结束符号,其后要留空格,如for (initialization; condition; update)。

【规则2-3-5】赋值操作符、比较操作符、算术操作符、逻辑操作符、位域操作符,如"="、"+="、">="、"<="、"+"、"*"、"%"、"&&"、"||"、"<<"、"^"等二元操作符的前后应当加空格。

【规则2-3-6】一元操作符如"!"、"~"、"++"、"--"、"&"(地址运算符)等前后不加空格。

【规则2-3-7】"[]"、"."、"->"这类操作符前后不加空格。

【建议2-3-1】对于表达式比较长的for语句和if语句,为了紧凑起见,可以适当地去掉一些空格,如for (i=0; i<10; i++)和if ((a <= b) && (c <= d))。

示例 3-7　空格与缩进示例

```
void func1(int x, int y, int z);        // 良好的风格
void func1(int x,int y,int z);          // 不良的风格

if (year >= 2000)                       // 良好的风格
if (year>=2000)                         // 不良的风格

for (i = 0; i < 10; i++)                // 良好的风格
for(i=0;i<10;i++)                       // 不良的风格

x = a < b ? a : b;                      // 良好的风格
x=a<b?a:b;                              // 不好的风格

array[5] = 0;                           // 不要写成 array [ 5 ] = 0;

a.function();                           // 不要写成 a . function();
b->function();                          // 不要写成 b -> function();
```

3.2.4　对齐

【规则 2-4-1】程序的分界符'{'和'}'应具有统一且清晰的书写格式。通常推荐'{'和'}'各自独占一行,并与引用它们的语句左对齐,也可采用'{'紧随定义语句后的写法,但两种风格不得在同一项目或模块中混用。

【规则 2-4-2】{}之内的代码块在'{'右边数格处左对齐。

示例 3-8　对齐示例

```
// 样式一:{独占一行
int func()
{
    // ...
}

// 样式二:{紧跟定义语句
int func() {
    // ...
}
```

3.2.5　长行拆分

【规则 2-5-1】代码行不宜过长,最大长度控制在约 70 至 80 个字符以内。

【规则 2-5-2】长表达式要在低优先级操作符处拆分成新行,操作符放在新行之首(以

便突出操作符)。拆分出的新行要进行适当的缩进,使排版整齐且语句可读。

示例 3-9　长行拆分示例

```
if ((very_longer_variable1 >= very_longer_variable2)
    && (very_longer_variable3 <= very_longer_variable4)
    && (very_longer_variable5 <= very_longer_variable6))
{
    dosomething();
}

CMatrix CMultiplyMatrix(CMatrix leftMatrix,
    CMatrix rightMatrix);

for (very_longer_initialization;
    very_longer_condition;
    very_longer_update)
{
    dosomething();
}
```

3.2.6　修饰符的位置

修饰符 * 和 & 应该靠近数据类型还是该靠近变量名,是个有争议的话题。若将修饰符 * 靠近数据类型,例如:int* x;从语义上讲此写法比较直观,即 x 是 int 类型的指针。上述写法的弊端是容易引起误解,例如:int* x,y;此处 y 容易被误解为指针变量。

【规则 2-6-1】应当将修饰符 * 和 & 紧靠变量名。例如:

char *name;

int　　*x,y;　　// 此处 y 不会被误解为指针

3.2.7　注释

程序块的注释常采用"/* … */",行注释一般采用"//…"。注释通常用于:

(1)版本、版权声明;

(2)函数接口说明;

(3)重要的代码行或段落提示。

虽然注释有助于理解代码,但不可过多地使用注释。

【规则 2-7-1】注释是对代码的"提示",而不是文档。程序中的注释不可喧宾夺主,注释太多了会让人眼花缭乱,注释的形式要少。

【规则 2-7-2】如果代码本来就是清楚的,则不必加注释,例如:i++; // i 加 1,是多余的注释。

【规则 2-7-3】边写代码边注释,修改代码的同时修改相应的注释,尤其是对参数、返回值、异常、核心逻辑等的修改,以保证注释与代码的一致性,不再有用的注释要删除。

【规则2-7-4】注释应当准确、易懂，避免产生歧义。错误或误导性的注释不仅无益，反而影响代码的理解和维护。

【规则2-7-5】尽量避免在注释中使用缩写，特别是不常用的缩写。

【规则2-7-6】注释的位置应与被描述的代码相邻，可以放在代码的上方或右方，不可放在下方，尽可能使用右方（尾部）注释。

【规则2-7-7】当代码比较长时，特别是有多重嵌套时，应当在一些段落的结束处加注释，便于阅读。

3.3 命名规则

由于命名规则存在较大主观性，难以制定出被所有开发者普遍接受的标准，因此多数程序设计教材并不强制规定具体命名方式。尽管命名规则本身不会直接决定软件的成败，但它对于提升代码的可读性和团队协作效率具有重要意义。

【规则3-1-1】标识符应当直观且可以拼读，可望文知意，不必进行"解码"。

标识符应尽量采用规范的英文单词或其合理组合，以增强代码的可读性和可记忆性。应避免使用汉语拼音来命名。所选英文单词应简洁且准确，避免使用模糊或不当的词汇。例如，应使用"CurrentValue"表示当前值，而非模糊表达如"NowValue"。

【规则3-1-2】标识符的长度应当符合 min-length && max-information 原则。

在早期的 ANSI C 标准中，标识符名称长度曾被限制为不超过6个字符。但在现代 C/C++ 中，此类限制已不再存在。一般而言，较长的名称有助于更准确地表达含义，因此函数名、变量名或类名达到十几个字符在实践中并不罕见。然而，名称并非越长越好。例如，变量名 maxval 就比 maxValueUntilOverflow 更简洁易用，且在语义上已足够明确。同时，单字符名称在特定场景下依然合理，如 i、j、k、m、n、x、y、z 等，常被用于函数内部的局部变量，特别是在循环或数学计算中。

对于过长的标识符，可以采用缩写或助记符的形式进行命名。基本缩写规则如下：

(1) 取首尾字母，并结合每个音节的首字母（1~2个）；
(2) 直接使用词语前3~4个字母；
(3) 一般不包含元音字母，以提高简洁性；
(4) 若某术语已有通用或行业认可的缩写形式，应优先采用该标准形式，而不受上述规则的限制。

示例3-10 标识符缩写示例

单词	缩写	单词	缩写	单词	缩写
Buffer	Buf	Clear	Clr	Compare	Cmp
Control	Ctl	Initialize	Init	Delay	Dly
Maximum	Max	Minimum	Min	Message	Msg

【规则3-1-3】命名风格应尽量与所使用的操作系统或开发工具的惯例保持一致,以确保代码风格统一,便于维护和协作。例如,Windows 应用程序中常采用驼峰式命名法(CamelCase),如 AddItem;而 Unix 系统或类 Unix 环境中,则更倾向于使用全小写字母并以下划线分隔的方式,如 add_item。在同一个项目中应避免混用不同风格的命名方式,以防止降低代码的一致性和可读性。

【规则3-1-4】程序中不要出现仅靠大小写区分的相似标识符。

示例3-11　标识符缩写示例

```
int    x, X;                //变量x与X容易混淆
void foo(int x);            //函数foo与FOO容易混淆
void FOO(float x);
```

【规则3-1-5】应避免在程序中使用与全局变量名称完全相同的局部变量。尽管从语法角度来看,由于作用域不同不会导致编译错误,但这种命名方式容易引起混淆,降低代码的可读性和可维护性,甚至可能导致逻辑错误。

【规则3-1-6】变量的名字应当使用"名词"或者"形容词+名词"。

示例3-12　变量名示例

```
float    value;
float    oldValue;
float    newValue;
```

【规则3-1-7】用正确的反义词组命名具有互斥意义的变量或相反动作的函数等。

示例3-13　函数名示例

```
int    minValue;
int    maxValue;
int    setValue(…);
int    getValue(…);
```

【规则3-1-8】应尽量避免在标识符中使用无实际语义的数字编号,如 value1、value2 等,除非确有逻辑上的编号需求,否则,滥用数字编号容易导致变量含义不明确,降低代码的可读性和可维护性。

【规则3-1-9】常量全用大写字母,用下划线分割单词。

示例3-14　常量名示例

```
const int MAX_LENGTH = 100;        //常量MAX
#define PI 3.1415926              //常量PI
```

【规则3-1-10】静态变量加前缀 s_(表示 static),全局变量加前缀 g_(表示 global)。

主流C语言在线编程平台简介

表4-1 主流C语言在线编程平台简介

平台	官方网址	简介
洛谷 (Luogu)	https://www.luogu.com.cn	中国知名的算法竞赛和信息学奥林匹克(OI)训练平台,主要用户为中学生和大学生。其特点包括: ①社区驱动。用户可上传题目、分享题解,具有活跃的讨论氛围。 ②赛事支持。承办全国青少年信息学奥林匹克联赛(NOIP)等官方赛事模拟赛。 ③教学资源。提供入门教程、在线IDE和丰富的题库分类
炼码 (LintCode)	https://www.lintcode.com	LintCode是面向全球的程序员在线训练平台,提供大量算法题、数据结构题及编程竞赛题目,支持中英双语。其特点包括: ①企业真题。收录谷歌、亚马逊、字节跳动等公司的面试题库。 ②阶梯训练。从入门到高阶分类题目,适合不同水平用户。 ③在线编程。支持多种语言(Python、Java、C++等)的即时评测
力扣 (LeetCode)	https://leetcode.com(英文) https://leetcode.cn(中国站)	全球最流行的技术面试准备平台,尤其适合求职者刷题。核心功能: ①面试题库。覆盖谷歌、Meta等顶级科技公司的面试高频题。 ②周赛/双周赛。定期举办编程比赛,全球排名。 ③学习计划。提供针对性训练路径(如算法、数据库、Shell等)
牛客网 (Nowcoder)	https://www.nowcoder.com	中国领先的IT求职学习平台,集题库、课程、社区和招聘于一体。主要功能包括: ①海量题库。涵盖算法、编程语言、操作系统等笔试面试题。 ②模拟笔试。提供名企校招真题模拟(如华为、腾讯)。 ③求职社区。内推信息、面经分享和实时讨论

附录5　全国计算机等级考试二级C语言程序设计考试大纲

以下为全国计算机等级考试二级C语言程序设计考试大纲(2025年版)。

基本要求

1. 掌握结构化程序设计的方法,具有良好的程序设计风格。
2. 掌握程序设计中简单的数据结构和算法并能阅读简单的程序。
3. 熟悉Visual C++集成开发环境。在Visual C++集成环境下,能够编写简单的C语言程序,并具有基本的纠错和调试程序的能力。

考试内容

一、C语言程序的结构

1. 程序的构成,main函数和其他函数。
2. 头文件、数据说明、函数的开始和结束标志以及程序中的注释。
3. 源程序的书写格式。
4. C语言的风格。

二、数据类型及其运算

1. C的数据类型(基本类型、构造类型、指针类型、无值类型)及其定义方法。
2. C运算符的种类、运算优先级和结合性。
3. 不同类型数据间的转换与运算。
4. C表达式类型(赋值表达式、算术表达式、关系表达式、逻辑表达式、条件表达式、逗号表达式)和求值规则。

三、基本语句

1. 表达式语句、空语句、复合语句。
2. 输入输出函数的调用,正确输入数据并正确设计输出格式。

四、选择结构程序设计

1. 用if语句实现选择结构。

2. 用 switch 语句实现多分支选择结构。

3. 选择结构的嵌套。

五、循环结构程序设计

1. for 循环结构。

2. while 和 do-while 循环结构。

3. continue 语句和 break 语句。

4. 循环的嵌套。

六、数组的定义和引用

1. 一维数组和二维数组的定义、初始化和数组元素的引用。

2. 字符串与字符数组。

七、函数

1. 库函数的正确调用。

2. 函数的定义方法。

3. 函数的类型和返回值。

4. 形式参数与实际参数，参数值的传递。

5. 函数的正确调用、嵌套调用、递归调用。

6. 局部变量和全局变量。

7. 变量的存储类别（自动、静态、寄存器、外部），变量的作用域和生存期。

八、编译预处理

1. 宏定义和调用（不带参数的宏，带参数的宏）。

2. "文件包含"处理。

九、指针

1. 地址与指针变量的概念，地址运算符与间址运算符。

2. 一维、二维数组和字符串的地址以及指向变量、数组、字符串、函数、结构体的指针变量的定义。通过指针引用以上各类型数据。

3. 用指针作函数参数。

4. 返回地址值的函数。

5. 指针数组，指向指针的指针。

十、结构体（即"结构"）与共同体（即"联合"）

1. 用 typedef 说明一个新类型。

2. 结构体和共用体类型数据的定义和成员的引用。

3.通过结构体构成链表,单向链表的建立,结点数据的输出、删除与插入。

十一、位运算

1.位运算符的含义和使用。
2.简单的位运算。

十二、文件操作

针对缓冲文件系统(即高级磁盘 I/O 系统),掌握:

1.文件类型指针(FILE 类型指针)。
2.文件的打开与关闭(fopen、fclose)。
3.文件的读写(fputc、fgetc、fputs、fgets、fread、fwrite、fprintf、fscanf 函数的应用),文件的定位(rewind、fseek 函数的应用)。

考试方式

上机考试,考试时长 120min,满分 100 分。

1.题型及分值

单项选择题 40 分(含公共基础知识部分 10 分)。

操作题 60 分(包括程序填空题、程序修改题及程序设计题)。

2.考试环境

操作系统:中文版 Windows 7。开发环境:Microsoft Visual C++ 2010 学习版。